U0044989

不要低頭，業績會掉下來

吸客而不是追客，
行銷人都該學讓顧客買單的技巧

Ringo Li 李均樂

速熊文化

目錄

推薦序

前言

1. 行銷心態

推薦序

我認識 Ringo 已經有六至七年了，當初是 OMP 網路行銷玩家的阿石介紹我們相識。記得當初認識 Ringo，他已經專精於 SEO。 之後透過不斷鑽研、精進技巧，進一步成為 ClickFunnels 高手。 我非常期待看到他分享提升十倍營業額的秘訣，以及他會怎樣揭露自己的缺點。

我誠意把這書推薦給所有已創業，或者正在計畫創業的人，因為 Ringo 分享的秘訣、心得，定能幫助你們闖出事業上的高峰 。

Kevin Shee 時景恆

時昌迷你倉 創辦人及 CEO

無論你是想打造個人品牌，還是解決營銷難題，Ringo 這本書都是一本活生生的生意學習筆記，他的心路歷程將引導你反思，甚至會為你帶來新的靈感。

Karin Wan 韋小婷

Guru Online 聯合創辦人及執行董事

我曾在一場數碼行銷的講座中與 Ringo 同台，我主講品牌內容行銷，Ringo 主講搜尋引擎優化（SEO）。那一場講座很成功，全場 300 個座位早早爆滿。我仍記得講座結束後，有近 100 人留下來與我們交換名片和心得。最令我印象深刻的，是 Ringo 如何分享他的聯繫方式。那天他沒有多派名片，而是在演講的投影片展示一張 Google 搜尋引擎的網頁截圖，然後打上「Ringo Li」。好比跟大家說：要找我嗎？只需 Google 我的名字就可以。

這就是 SEO 實力派的自信。

Ringo 的實力，其實不僅限於 SEO。這本書無論是行銷內容還是編排都花了不少心思。我最欣賞的，除了實用技巧外，還包括了常被忽略的心態和概念。行銷人都求快求即食，總愛看成功案例。但我認為要真正成功，並非僅看幾個精彩案例模仿就能達成。招式固然重要，但心法也不能忽視。書中有一個章節「舊的行銷手法一定無效？」正是告訴大家，不要只看到表面花招。招式背後的心法，就算舊，只要有創意，敢於嘗試，便有可能有驚喜收穫。希望新手老手，都能在這本書中找到屬於你的驚喜收穫。

Dr Bernie Wong 黃啟亮博士
Social Stand 數碼營銷公司創辦人
電台主持、專欄作家、大學及培訓講師

我於 2019 年認識 Ringo，只有短短幾年，不過對他的印象是正面的，認識他的場合，不知道應不應該說是一個場合，其實是在 Facebook 上認識的，我記得 2019 年，我開始於社交媒體分享 SEO 及數碼營銷的資訊，以及推出課程，由於只是剛剛起步，沒有很多的粉絲，只有幾百位。

由於 Ringo 對於行內的資訊抱有觸角，他很快留意了我的 Facebook 專頁，而且不吝嗇地分享我的網上課程連結給他 Facebook 專頁的數千位粉絲，與他「串串共」的外表很有反差，而我的 Facebook 專頁及課程，因為有 Ringo 的加持之後，開始於 SEO 業內多了人認識。

所以他給我的印象很正面，而且對於 SEO 及數碼營銷有深厚的知識及實踐的經驗，所以每當我有活動想找分享嘉賓的時候， Ringo 都是我其中一位首選。不過他成日給我吃檸檬，常常說不知道分享什麼好。我的解讀是，由於他學富五車，有很多墨水，於短短的分享環節，的而且確很難決定分享那一樣比較好。而且我覺得他比較喜歡學習，所以寧可花更多的時間學習更多數碼營銷的知識。

我最期待於書本中看到「如何一句說話提升 10 倍生意額」及他說會「揭露各種行銷陰暗面」，通常這些內容比較少人分享，因為怕得罪別人，所以我十分期待這些內容。

而這本書的簡介有如何令客戶主動找上門，這會是一個吸引的範疇，因為很多中小企忙碌一整天，有時也會吃着閉門羹，如果能夠扭轉這個做法，讓客戶自動找上門，會幫助到很多中小企。

我覺得這本書適合想創業的你、創業中的你、市場營銷部門的你及純粹為了個人提升的你。

我覺得這本書可以為讀者帶來提升生意額的概念，令他們於 Ringo 身上學習由 0 到 1 的這一個過程，再由 1 到 10 的最終結果，因為他會教你「一句說話如何提升生意額 10 倍」，所以我十分期待這本書可以如何衝擊經營生意及現職市場營銷的朋友。

Ivan So 蘇子賢

HDcourse 創辦人

我認識 Ringo 六至七年了，認識他是因為當年任職 Digital Agency 時需要找 SEO 專家合作。

我覺得 Ringo 是一個沉實、冷靜的殺手，絕對是紅褲子出身具實力的 SEO 專家。縱使自己工作的公司並沒有跟 Ringo 有太多生意交往，但從他的演講、分享及十多年 SEO 公司的經營，我對 Ringo 的 SEO 經驗及諮詢能力十分有信心。

我對書中有關公司經營及行業發展內容很有興趣。 簡介內提及的「公司應該假裝很有規模？」和「 坦白點未嘗不可 」題目比較特別，我特別喜歡『真心話』的分享。

我覺得對於 Digital Marketing 及 Business 有興趣的人，看這本書都應該有所得著 。對 Marketing Newbie 而言，我覺得他們可以學會什麼需要學，因為 newbie 大多都是 「 Don't know what they don't know」。對 Experienced Marketers 而言，我覺得這本書可以做到互相交流、互相啟發的作用。

Wilson Wong 黃偉健
Price.com.hk 香港格價網 市場部總監

「如果你心目中有個願景，我認為 Marketing 其中一項最值得學習的技能。」

曾經聽過一個說法：『要成為優秀的 Marketer，必先成為一個優秀的心理學家。』當然，Marketing 與心理學差異很大。但某程度上，這兩個行業有着共通的追求。不論是 Marketer 或是心理學家，都對人類行為背後的成因感到興趣，亦希望鑽研影響人類行為的方法。

今次難得獲 Ringo 邀請為他的新書寫序，我想談談心理學人進入 Marketing 的世界的故事，亦說說 Marketing 如何影響着我。先說結論：如果你心目中有個願景希望付諸實行，我認為 Marketing 其中一項最值得學習的技能， 這亦是我向你誠意推介 Ringo 著作的原因。

記得那年，我在香港大學修讀心理學學士課程第四年，而當時的大學生總對社會抱有些願景，希望能開展一些社區項目。可惜，我所接受的心理學教育並沒有着墨太多如何宣傳一個願景。於是，我在網上隨便搜尋，誤打誤撞報名了一個 Marketing 講座。那個講座，我聽得津津有味，亦感嘆導師對消費者的心理深刻的理解。課後，我問導師：「我覺得你說的都很好， 但如果我不是要用 Marketing 賺錢，而是要推動社會共同思考一些議題，請問有什麼辦法？」導師似笑非笑的說：「我教了幾千人 Marketing，從來沒有人這樣問過。 但你可以試試這樣調整 …… 」

數個月後，我畢業了。我開展了一間推廣心理學的小社創「樹洞香港」， 似懂非懂地應用當中的一些概念，有時效果好、有時效果差，但好像總比什麼也沒有的好。而當時有位朋友，著我看看他的求職測試，是要寫些廣告文案之類的東西。於是，我連忙鑽研了一大堆 Marketing 術語，什麼 EDM、SEM、SEO、CPC 等等， 可說是匆忙打了個 Marketing 的基礎。

這兩個經歷令我成為香港少數同時懂得心理學和 Marketing 的人，而這對剛畢業、 無人脈、無資源的創業者幫助極大。創業初期缺乏資金，於是我鑽研 SEO —— 令網頁在 Google 搜尋排得更高的方法， 配合自身所學，寫了數十篇貼合大眾需求的心理學文章，吸引了樹洞的第一批觀眾，亦透過 SEO 教學文章認識了 Ringo 。

其後，我不多談公司如何運用 Marketing 逐步成長，因為在 Ringo 的文字中你會找到更充實有用的內容。 我只想說，身為香港創業者的一份子，我見過無數有意義的項目因為宣傳不善而告終，這是極為可惜的。

數年過去，桃花依舊，但改變香港的社會項目當然辦不成。只不過，我希望自己還是當初那個滿腔熱血，深愛香港的小子。而這段文字、這本書有緣接觸同樣充滿熱誠的你，希望為你打開 Marketing 的世界，讓你能為所信的帶來一點改變。

Peter Chan 陳健欣
樹洞香港創辦人

認識 Ringo 已經好多年了，記得第一次認識他的時候我們交流了很 SEO 的技術與技巧。

無獨有偶，我們兩個在多年後都有共同的「見識」，也就是品牌、產品、毛利與營運才是決定一家企業數位行銷的關鍵

而 SEO、SEM 、Influencer 或任何 Affiliating Marketing 都是推動一個品牌能績效運營的工具，而不是全部，企業主需要詢問自己為何而做？而不是盲目追逐各種短期行銷技巧

衷心推薦對於網路行銷、網路品牌經營有興趣的中小企業主閱讀，抓住數位的力量，讓自己品牌發光發熱！

James Chen 陳振豪
Digit Spark 震豪網路媒體集團 CEO

認識 Ringo 是在我讀書時期，當時我為了賺一些零用錢，恃着自己少許電腦知識，會為客人製作網站。當時我其中一名「客戶」是 Ringo 的舊朋友，知道我有些創業問題，因而介紹了 Ringo 給我認識。Ringo 人很好，當時我 WhatsApp 問了他不少問題，其實多是典型年輕人對於成長的迷惘，與他專業無關，雖則如此，Ringo 亦用心答我。一路走來，他的建議幫了我很多，能夠遇到 Ringo，我很感恩。

會翻開這本書的你，大概也是個從商 / 創業的人。閱畢這本書的內容大綱，我相信這本書一定會幫到你。書中有很多內容和貼士，會對從商的你很有用，也一定可以讓你進步。通常行銷一貫套路是會說書中知識的價值總值超過 $XXXXX，但如果有一些貼士合用，讓你能套用到你的生意上，價值一定不止該數值。Tai Lopez 最出名是也許是他每日讀一本書的習慣，但他自己也公開承認了這並不是學習的最好方法。他認為真正最好的學習方法，是挑選 150 本好書，並且重複閱讀，在不同階段閱讀同一本書，我們會有不同得著。套用在這裏，今日這本書其實也可在之後日子再重溫，一定會有新的得着。

巴菲特曾經講過：If you haven't written it down, you haven't really thought about it. 對此，我自己閱讀時有個習慣可以分享一下：每當我遇到一些覺得很有智慧，很有用的內容，除了會在書內 highlight 寫筆記，我亦會將這些內容抄到一張 note card 上。因為閱畢一書，放回書架後，你未必會再拿下來翻閱你寫在書中的筆記，但 note card 你可放在案頭上隨時再重溫。note card 是那些到文具店買，一疊 $8，掌心大小，有藍色橫間那款。日子有功，聚沙成塔，你會儲了一疊 note cards，上面都是你學過，對自己最有用的知識和方法。久不久可以拿出來重溫，又或者你在很迷惘，不知如何是好時，亦可拿來看看。

Jim Rohn 說過：Poor people have big TV, rich people have big libraries.，而如果要我概括 Ringo 這個人，他就是實實在在有不斷求知這個特質。翻開這本書，一起來這趟學習旅程吧。

Ryan Leung 梁禮恒
Re Pillow Co. 創辦人

0 前言

聲明

「 本書所提及的所有方法可能不會令你賺更多錢，甚至有機會虧錢。可能，你會從書中得到一個負回報 」

我在剛剛灌下了一枝真露後，寫下這段文字。只有不清醒狀態下，我才會寫出上述的話 ......

反正你已經浪費了百多元買這本書，不如再多浪費幾小時，當作和一個醉酒佬在酒吧內閒聊。

出書本身目的不是為了賺錢，相信大家都能看出來。我的目的旨在推廣自己及公司，而如果當中有一點點資訊幫助到你，那就是額外給你的收穫了。

但我要先承認 —— 我是一個言過其實的 SEO [1] 專家。

SEO 是一個很大很闊的課題，若論知識廣度及深度，我真的不是最頂尖的 5%。但為何別人會稱我做 SEO 專家呢？

比較可能的是，相對部份 SEO 專家，我的自我行銷能力比較出色 —— 這也是本書的核心內容。

「你有多少斤兩 (能力)，跟別人認為你有多少斤兩，可能是兩碼子的事」 。

SEO[1] —— 搜尋引擎優化 (Search Engine Optimization)，是一種讓網站的搜尋排名變好的技術，能夠提升網站的能見度與流量。

書的內容，有不少可能跟你聽過的不同，甚至互相衝突，若然感到冒犯，請多多包涵。我假設你已經知道很多基本行銷概念，如冷暖熱受眾，也對銷售漏斗有一定的理解。我想把你的注意力放更多在行銷想法上，讓你可以在執行時有更多靈感。

有一個名詞叫 “Ugly Truth”，意即醜陋的事實。不知大家是否喜歡聽「真心話」，因為真心話通常都不太好聽。我覺得你的認知越接近現實，作出的決定才會更有質素。

為了不流於理論，寫下的接近 90% 內容都是自己親身經歷過，或跟客戶合作時所學到的。在這 10 年創業生涯中，我學會了自我行銷、替自己公司（微企）行銷，所以內容較適合打算創業、剛創業或創業了一段短時間的朋友。

以前看書有個習慣，專挑大人物的書去看。很多時候雖然會在閱讀時感到相當激勵，但實際上並沒有太大幫助。正如看完 Elon Musk 的自傳，我會很被鼓舞，但他對我說在執行層面上太遙遠，很難應用在自己的工作上。

所以，我想寫一本待你可以有空時翻閱一下，令你獲得一些靈感也好；或當你在廁所「辦公」時，分散你嗅覺的書。最重要的用處：有一天若果你的行銷活動成效很差，可以拿著書向老闆說：「我跟著這本書做，但似乎被騙了 ......」

我腦中有一個理想的讀者，就是 10 年前的自己。我大概記得當時的情況：想開始一門網上生意，沒錢、好勝，缺少很多必要的知識、也有很多錯誤的想法。

現在的我會和他分享什麼呢？

第一句說話很可能是：「你比你想像中蠢，唔好搞咁多嘢！」（你比自己想像中愚蠢，不要弄這麼多事！)

然後可能是：「如果你真的要做的話，一定要先弄清楚市場在哪裏。不要買太多高價的課程，不要看太多行銷的書，掌握好寫內容的技巧，勇敢一點輸點錢，最重要：不停實踐、學習。」

「最後，你還是有很大機會失敗！但最少你有嘗試喚起這種失去了很久的試驗精神，若再加上少少運氣，可能真的有機會成功！」

開始寫本書的時候並沒有一個完整的框架，想到什麼就寫什麼，所以寫了很多廢文，內容相關性甚低，結果刪除了兩萬字。

經過同事多番提醒及修改，終於可以編排到一個讀者較易入口的次序 (但仍然難以消化)。

最終，我把書分為三個部份，根據重要程度，分成「行銷心態」、「行銷概念」和「行銷技巧」。又因為我是從建立個人品牌開始，再逐步建立公司，篇章會按照這個順序排序。

我常覺得技巧可以學習，不少工具書都在教授，但調節好「心態」會令你對自己的行銷更有信心，亦在事情不順暢時，你可以有更大的抗壓力 (相信我，一定會有不順利的情況發生)。

我的成績暫時未足以成為學習對象，而且未必每位讀者都想成立一間行銷公司，但我認為我分享的概念頗為通用 ，怎樣也有少許參考價值。

原諒我的文筆，畢竟本身文筆不足，不是一下子就能變成作家！

最後，我希望大家不要對這本書抱太大期望，一本百多元的書很難改變你的人生，但我的確花了相當多心思及時間去寫這本書，亦因為寫作，將部份計劃放到一邊，請你給這本書一個機會 ......

自我介紹

容許我簡單介紹一下自己(如果你不認識我的話)。

故事應該由 2008 金融風暴說起:那一天著實深刻 —— 那時已經做了上班族 3 年,每天拖著算不上很有活力的身體上班,也沒有什麼目標可言,就是過日子罷了。

直至那一天回到辦公室,大家沒有互相寒暄,就連平常的嘴炮都垂下頭來認真工作。一坐下,後座同事拍一拍我,跟我說:「 聽說公司會裁員」。

我:「吓?為什麼?」(原諒我對經濟知識的缺乏,當時我真的以為只有金融業會受影響,不知道自己身處電訊行業竟然也受波及)。

同事之間互相八卦:「 不知道會裁掉哪個? 」

同事 B :「應該會裁掉中層吧,他們薪金高、工作又不多,應該不會解僱我們這些找生意回來的人。 」

同事 C :「聽說鄰組的上司快要退休,應該裁他吧 ......」

沒有人會說出口,但置身於比平常安靜的工作環境,令人產生一點點恐懼,生怕自己會突然收到被解僱的消息。畢竟大家都靠這份工作養家,有一位經理還剛生產了。

這種氣氛持續了接近一星期,大家比平常更用心工作,因為害怕被解僱。這星期的低氣壓真的很恐佈,令我反思了不少 —— 我是否要被這種無力感控制呢?

我只想擺脫這種受人操控的感覺,老套一點,就是覺得命運應該掌握在自己手中。

在追尋解答當中,無意看到了 Tim Ferriss 的書:<< 一周工作 4 小時 >> —— 買的當晚已經閱讀了接近九成,發現原來有一群人在網路上賺了許多許多錢,重點是還有很多空閒時間,於是我便通宵找資料。

找到了一個叫 Commission Rituals 網站，video sales letter (推廣影片) 當時還未有興起，我從頭到尾看了整個銷售頁面的文字，看了一遍又一遍 —— 現在才知道那是一篇長文案，當時則當作是一個故事去看。

不知為何，就是覺得這個文案很有魔力，我覺得他說中了我的心事。我重複的看了不知多少遍，最後買了人生第一個網上賺錢課程，一腳踩進了網路行銷的世界，打算在網上創業，然後實現財務自由。

當然 ......(有這個當然，九成都是輸)，也輸得頗為慘烈。

中途嘗試過不少網上賺錢的方法 —— 聯盟行銷 (affiliate marketing)[1], CPA (cost per action)[2], 電商 (E-commerce)[3], 傳銷 (MLM)[4] ， 很古怪的都嘗試過，九成也賺不到錢，走著走著，走到今天。

我不是在說勵志故事，也請不要神化。可能我走到今天全然是運氣，但在途中的確對商業、行銷、公關、廣告、人性了解得更多。

以前我連傳統行銷 (marketing) 與直效式行銷 (direct response marketing)[5] 也分不清，也沒有什麼行銷基礎，連銷售 (sales) 跟行銷 (marketing)[6] 的分別及其關係也不知道。

我替客戶工作了八至九年，現在是浮走於傳統行銷與直效式行銷之間的行銷人，服務的公司開始走向績效行銷 (performance marketing)[7]，當中有部份客戶只是對網路行銷有點認識。

我不是行銷大師，只是邊做邊觀察，但我真的想把所知所學的行銷概念分享給你。

若要以一句總結多年關於行銷的領悟，借用于為暢先生的說話：

「因內容而來，因社群而待，因信任而買。回答了八成以上的網路行銷問題。」

而我想再補充一句：**「其餘兩成則是 —— 你還要比預期的多一點點時**

間＋一點點的幸運」。

絕大部份的執行工作都是圍繞著上述說話而來，但只要待在場上足夠久，總有一天會打出全壘打。

但在開始進行你的行銷工作之前，有一個黃金問題值得想想：

「為何行銷沒有效？為什麼會沒有業績？」

經過多年觀察，**有時不是行銷沒有效，事實是你提供的產品或服務沒有市場！**

聯盟行銷 (affiliate marketing)[1] —— 一種基於業績的銷售方式 ，企業會委託個人或其他公司幫忙銷售， 銷售成功後會分拆利潤。

CPA (cost per action)[2] —— 聯盟行銷的一種，每當推廣者引導客人完成某項指定行動，以幫助廠商獲得潛在客戶之後， 推廣者會獲得相應佣金報酬。

電商 (E-commerce)[3] ——在網絡上以電子途徑進行交易的商務活動。

傳銷 (MLM)[4] —— 多層次推銷，獲取銷售獎金的方式有二：第一，可以經由銷售產品及服務給消費者而獲得零售獎金；第二，他們可以自直屬下線的銷售額或購買額中賺取由供應商給予的佣金。

直效式行銷 (direct response marketing)[5] —— 可以直接量度成效的廣告。 例子：在電視廣告銷售產品，即時呼籲受眾撥打電話購買。

銷售和行銷之間的分別 [6]——銷售與行銷是兩個相關但不同的商業概念。它們在目標、策略和方法上有所區別。

目標不同：銷售的主要目標是將產品或服務賣給客戶，實現銷售目標和獲得利潤。而行銷的目標是為產品或服務創造需求，提高品牌知名度，並建立良好的市場地位。

策略不同：銷售通常涉及直接與客戶互動，如面對面交流、電話銷售或在線交流。行銷則涉及市場調查、產品定位、廣告宣傳和公共關係等，以吸引潛在客戶。

方法不同：銷售通常使用積極的銷售技巧和策略，如說服、談判和建立信任，以促使客戶購買。行銷則通過瞭解客戶需求、分析市場趨勢，制定適合的產品策略和推廣策略，以實現市場目標。

績效行銷 (performance marketing)[7]—— 是一個綜合市場推廣服務，客戶會事先與服務供應商訂立推廣目標，跟據推廣完成時的成效而付費。

Frank Kern（著名文案專家）有一個比喻：你把 Miss America 帶進去一個男子監獄，問囚犯：

「有誰想要 Miss America 陪伴你一晚？」

沒有一個人不會舉手，因為那是一個饑餓的市場。

- 想一想究竟你所謂的市場是否真實存在？
- 是否真的有人會付錢買類似的服務？

若答案都是肯定的，那我們就可以開始了！

「如果你要開一家熱狗店，你可能會關心調味料、推車、名稱和裝飾。但你首先應該關心的是熱狗。熱狗是核心，其他都是次要的。」

——Basecamp 創辦人 Jason Fried

我的行銷

累計參加了價值幾十萬的「 行銷秘密 」課程後，我領悟到行銷真的沒有一套所謂「必勝」的方法，能在其他行業成功的獨特手法，未必適用於你的行業。

舉個例子，聽得最多的是客人名單是最重要的資產，因為名單會跟著你走。但自己參與過不少電商行銷，最有效可能是在社交媒體建立群眾，組成一個有機共同體，而非單對單的行銷。

曾經和一個售賣老人用品（例如輪椅）的店主傾談，他寫了一本電子書，盲目的建立了一個名單。首先老人沒有電郵，然後照顧者通常會請教醫護機構如何選擇老人用品，名單對他的生意來說，作用非常有限。

看過很多關於行銷的書，不時會有互相矛盾的情況出現，有時真的會被混淆。

在我看來，成功的行銷是由三個主要元素組成：

1. 對的流量
2. 對的產品
3. 一流的客服

我的所有策略都是基於以上元素而建。

行銷人經典書籍 Eugene Schwartz 及 Martin Edelston 的 <<Breakthrough Advertising>>（原版炒價達到 570 美元）提及過行銷及銷售的過程中，會經歷 5 種不同的意識程度：

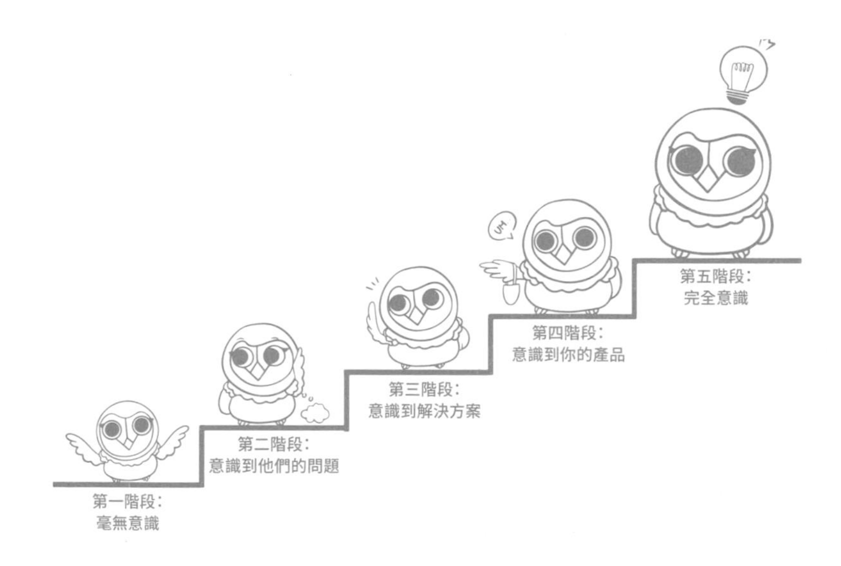

1. 毫無意識 —— 潛在客戶完全沒意識到他對你的產品有任何需求或欲望。
2. 意識到他們的問題 —— 潛在客戶知道他們需要或想要什麼，但他們未意識到任何合適之解決方案存在。
3. 意識到解決方案 —— 潛在客戶知道潛在解決方案存在，但他們並未意識到你能提供那則解決方案。
4. 意識到你的產品 —— 潛在客戶意識到你的產品，但他們還不確定那產品不適合他們。
5. 完全意識 —— 潛在客戶相信了你能提供最符合他們需求或欲望的解決方案，他們只差了解你的開價跟其他條件，就能決定要不要進行購買了。

你的行銷手段應該基於他們當下的意識程度，去吸引他們的注意力，而每一次的行銷接觸目標，都旨在提升客戶的意識程度。

這是理論……

不少行銷書籍或大師均教你以上述五個階段製作行銷內容，但有一個很大的問題，就是脫離現實。

他們遺漏了些什麼？

他們忘記說出整個提升意識程度過程，究竟需要多少時間 。

有一次我在 Growth Marketing Academy 擔任分享嘉賓，題目為 "How to handle SEO Agency?"（如何應對 SEO 公司？）。分享完成後，GMA 創辦者 Tim 問參與者有沒有用過 SEO 公司，大部份的回應是：

- 沒辦法向老闆解釋明白
- 老闆不願意付費

你的公司有能耐撐過受眾由「毫無意識」變成「完全意識」嗎？

接觸到大部份中小企，甚至本書的讀者都未必有「慢慢等」這個能耐，我自己也沒有。

相信我，絕大部份上司或老闆都沒有什麼遠見 (包括我自己)，你跟他說現在的行銷工作是在做這五個階段的工作，可能要一段長時間才能看到成效，叫老闆「定 D」(鎮定些)、「放心」。

真的可以先準備辭職信了。

理論上，應該每個階段的受眾都得放一定的行銷預算，但自己經驗，卻是應該集中火力在「完全意識」受眾，因為中小企未必能撐得過受眾從「毫無意識」變成「完全意識」。

有人會說「完全意識」受眾競爭很大、已經飽和，但我發現其實還有很多「完全意識」受眾沒有被發現罷了。

在有限資源下，像上述無法向老闆解釋，或老闆不肯付費的情況，我會很快放棄，把資源調配到較易說服的一群。

當有一定盈利，再逐步擴展客群，才是更合理的做法！

只要是公司的負責人，我深信你的關注點怎也脫不開每日的營業額、銷售數字、廣告費 ....

即是「你賺了多少錢？」

說來慚愧，自己做行銷，卻有一段長時間行銷不了自己的公司，花了相當功夫才摸清了自己的問題在哪裏。

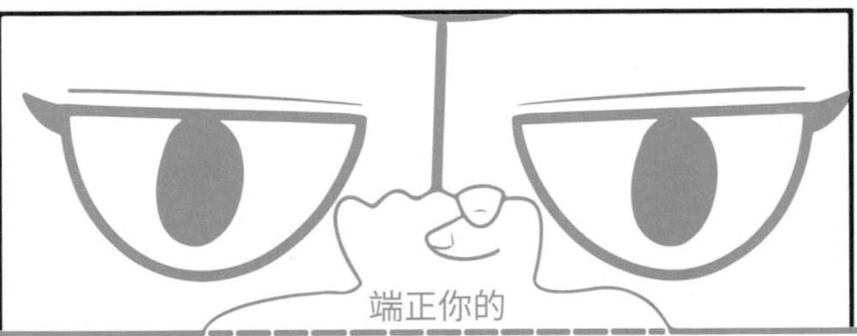

端正你的

行銷心態

Chapter 01

1 行銷心態

大師一定正確？理論一定是對？經驗一定適用？

為何人人都叫他作行銷大師，但當你使用他的方法時，完全沒有效果呢？

記得初走進這個行業時，我經常購買 Warrior Forum 的產品，由 9 美元去到 77. 97(他們很喜歡用 "7" 作結尾) 美元都有，最昂貴的產品售價 1997 美元。通常產品名稱都叫 "Loophole", "Crack the code", "Leakage from Ex Google" 等等 (例如 "Google SEO loophole、Ex Googler exposed the secret……以前 SEO 有很多漏洞，很多人會在不同的網絡行銷討論區售賣這些資料)。

我照著指引做，十個方法中，九個都沒有效 ，就算可行，只使用了一段短時間便會失效。

到現在我反思這事，得到了一點頭緒 —— 很多大師可能無意的隱瞞了某些先決條件。

他教你的未必是錯，但情境可能不同： 你未必有他的技術背景、沒有他的人脈、資源，對手也不一樣，這樣肯定不可能達到滿意效果。

想深一層，若你有秘密的賺錢方法，你會否用以 9 美元出售呢？

若我有秘方，給我再多的錢，我也不會賣，一定會讓自己賺盡，這才符合人性。

沒錯，在大師運用秘方的時侯可能行得通，但到你知道這個方法時，可能已經是第五至第六手的資訊，可能已經失效，**而賣資訊給你是「變現」最後一步了**。

跟大師學習，應該更留意在他的行銷思維上，即他如何舖排行銷策略——往往我們看到的可能只是他最表面的廣告，而這是最易學到的；但往後的跟進、他的登錄頁面如何寫、價值如何舖排、upsell（追加銷售）怎樣做才不會令人反感，才是我們最應該學習的。

自己很多時未必是為了買大師產品而購買，而是想窺看當中有沒有什麼值得參考的地方。我常覺得賣得好的產品一定有原因，能否挖掘大師的策略為己用，則是我們的功課。

所以，不要相信我說的，應該觀察我做的……如果你覺得我是大師的話……

品牌真的不重要？

讀書時兼職做手提電話銷售員，那時還未有 iPhone，「一哥」是 Nokia，緊隨其後的是 Samsung 跟 Sony。每星期六、日我會到不同的店舖做推廣員，由大型電器專門店，到家庭式門店都嘗試過。

我賣的是韓國一個名不經傳的手機品牌，功能是優越的，性價比高。

當時大部份走進店舖的以國內人居多。不論我如何力推、說到流牙血，也說不動這些客人，因為他們一進來便會說：我要一台「諾芝亞」。

NOKIA 的銷售員每日銷售超過二百部手機是基本，而我…..幸運的時候的也有四、五部吧！那時是我第一次感受到品牌的威力。

最近市民在搶購某牌子的止痛藥，是因為某位醫生的推薦，但只要細心一看，其成份只是「paracetamol」，在其他止痛藥內也有。但就是因為有品牌、有醫生推薦，令它立於眾相同產品之上。

Direct response marketing（直效行銷）可以量化，因此不少行銷人都說品牌難以計算成效，不太鼓勵花錢做品牌。

這點我不同意。若你把轉化納入整個銷售旅程，品牌其實幫助很大。

品牌讓別人很難取代你，讓你有議價的空間。

有些人會說品牌是大公司的專利，到了你有錢才去考慮。不少直效行銷專家都不太會提及品牌這件事，但我覺得品牌應該要有一定的重視度。

自己在 B2B 這個世界裏體驗更深。很多公司在挑選合作對象時，一開始不會在意你的提案，反倒是他們有否聽過你公司的名字、你曾服務過的客戶等。很多人在找供應商時其實都很懶惰，根本沒有時間仔細找出每間供應商的細微分別——可信、「唔會瀨野（出狀況）」才是重中之中。

關於建立品牌，我也是在學習中，是否真的擁有大預算才能做品牌呢？

其實你每一個動作、投放的廣告，某程度上都是在建立品牌。

若只是剛開始，我覺得最重要是創造一個令人難忘的故事，其他相關細節，就從這個故事延展。

TOMS 的「買一雙鞋，捐一雙鞋」行動、NIKE 為佐敦繳清每一場的罰款、Red Bull TV 那些極限運動故事 —— 這些品牌每一個故事都進駐潛在顧客腦海中。

建立品牌需時很長，<< 羅輯思維 >> 創辦人羅振宇就花費十年時間，建立他的微信公眾號，訂閱人數達一千二百萬。他說了建立一個品牌的概念：

「在做品牌這件事上，你需要花錢、花精力。把花錢看成是消費還是投資，結果是截然不同的。」

他用一個概念叫「公眾認知帳戶」來解說：簡單而言，即你的品牌在消費者心目佔據的位置有多少，你每一次做品牌相關的活動，其實也是在這個帳戶中儲錢。

每次經過紅磡海底隧道，你都會看到大大的廣告，但你很難量度由這個廣告板帶來的銷售。如果你直接計算這次收益能不能抵銷廣告費用，可能你會立即覺得這個廣告沒有用而放棄。這是消費，一元廣告費換一元收入。

但如果你堅持投放十年，那些每日通勤的人會重複看到你的品牌，每天也投入這個「公眾認知帳戶」，這是投資。可能有一天公眾就會記住了這個品牌，你就可以提現了。

最近接到一個口罩品牌的查詢，他們品牌相關字眼的搜尋量大得驚人，單單應付這些人的需求已教他們應接不暇——站在 SEO 立場，競爭少流量大，別人搶也搶不了。

當然，也不是說建立品牌就是不計較的瘋狂花費，我自己就是有分配一定預算在做品牌相關的事。先後次序是先有生意，再有品牌，所以一開始比例上只用 10% 做品牌活動，而後 90% 預算就投放在銷售。到生意漸漸穩定，再把品牌認知相關費用的比例提高。

P.S 事業有一點規模後，品牌會開始變得更重要，除了可以更快獲得顧客的信任外，意外的是會令你的招聘變得更容易，吸引到優秀的人材—— 量跟質都會有相當分別！

關於建立網上個人品牌 — 那些比較難聽的說話

昨天和一位客戶見面，他說是我的忠實讀者，說我寫的文章很實用，又有點特別。於是我問：「怎樣特別呢？」

客戶：「不知怎樣形容，但明顯能夠認出文章是你寫的……」

我：「即是很個性化？」

客戶：「也可以這樣說，應該是內容不時會夾雜一些爛 GAG（爛笑話）……」

說爛笑話本不是原意，但無意之間提高了辨識度，亦算幸運，所以我會保留！

在行銷行業一段時間，發現服務同質性越來越高，若果你沒什麼特別之處，別人很難記起你。就以寫內容行銷文章為例，說實話，SEO 寫來寫去就是那幾個重點，但怎樣可以提高自己內容的辨識度？

以下是自己一路走來的觀察與試驗，十分零碎，對我卻意義重大：

個人品牌是積累的過程 — 但可能需要累積很久很久

也許比你預期更久 ....

一個陌生人從認識你，到了解你，需要的時間可長可短。他們會觀察你所說、看你的行為，而這個過程你是難以控制的。

可能是自己比較懶惰，我原本預計一至兩年會有一定名聲。但除非你交上好運，有大人物關照，不然寒窗苦讀在所難免 ......

現在只分享知識已經不夠了

有一段時間我分享行業知識，直至我看見同行開始跟我做差不多的動作，我發現自己的辨識度很低。說實話，我也看不出自己跟別人的分別（甚至可能寫得比其他人差）。

於是，我再研究外國大咖怎麼做 —— 發現他們很多時間未必直接輸出硬知識，反而是輸出一些事件的看法、價值觀、說出一些人心底想說，但未能表達的問題。

對他們來說，技巧或工具都未必是重點。

說實話，他們的推廣技巧或手段其實很普通（有些由始至終只是出書），甚至我已經忘記了他們是怎樣走進我的視線，卻清晰記得他們的見解及想法：

Tim Ferriss — 你不應該拿自己人生最黃金時間，去換取 30 年後的

無憂生活 / 退休不是選項。

GaryVee — 你要成功，就要 hustle 。

Robert Toru Kiyosaki (《窮爸爸富爸爸》作者) — 富人不為錢工作。

可以看到，我記得的不是他們如何打廣告，而是他們的看法，解答了我不同時期的困擾，而這些想法一旦植入在腦海中，怎樣也揮不去。

持續輸出

不論你用什麼形式曝光 (影片 / 文字)，不論你輸出的是硬知識，還是價值觀，你還是要持續，要盲目相信時間最終會成為你的朋友。

質素的確有時很難維持，一定會有靈感耗盡時，你要養成一個紀律。記得某位作家曾經寫過，他逼自己每日在某一段時間一定要寫作，一定要寫出一定數量，這樣無論如何都會有產出。

這個過程很痛苦，建立紀律不是容易事，尤其當手上已經有很多工作。唯一可以做的，就是從縮短時間做起。

可能是每天先寫 10 分鐘，然後 15 分鐘，一步步增加。隨著成功感及紀律性，有一天你會有「不寫不舒服」的感覺。

最難捱肯定是用心地持續產出內容一段時間後，外界卻沒有什麼反應，這是不能避免的，心理上有足夠韌性相當重要。

我開始寫網誌時，最少有一年半是孤芳自賞，無人問津。

你可能要預期一段不短時間才能到達「引爆點」(tipping point)—— 這個術語由 Malcom Gadwell 提出 :

「一開始的時候，可能有一段相當的時間，你幾乎看不到任何進展，是可能一點也沒有。

最辛苦的是你會覺得連希望也沒有 ......

直到不知何時，突然好像到了一個關鍵點，所有事情終於變得輕鬆。」

你的樣子如何，你的日子也必如何

若你第一眼見到的是這張相片，你會相信我是某行業的專家嗎？

這個很難聽，但很現實。

最近跟一間公司 COO 談及招聘時，怎樣快速瀏覽履歷表，選定要見面的人，他很直接：「有附上照片，才有機會面試」

很膚淺吧 ?!

對，事實就是如此。

事實是一個陌生人對你的第一印象極之重要。

當然，若外貌令你處於劣勢的話，則另作別論！

花一點錢 ，拍一些專業照片 (現在只需 500 元，效果已經很好)，已經可以令你形象大幅提升。

把你的個人品牌變成產品

不少人做品牌時，很快便會推出產品，反應未如理想，問我可能的原因。

我會禮貌的回應：「可能是受眾還未知道你的產品好處吧！」

但心內的獨白則是：「其實你真的未夠資格呢！」

不是自己囂張，而是因為我也犯過這個錯。

開始寫網誌 1 年後，我推出過類似 "All-In-One Digital Marketing" 的行銷課程。花了接近 1 個月時間整理，用 Camtasia 錄製了約 30 條影片，把我懂的所有行銷技巧錄下來。說實話，自我感覺良好，內容在當時的中文市場上是沒有的。

訂價為 79 美元，一個月只要有 25-30 個學生就足夠生活，也真的是被動收入了。

當正式發佈後，一個購買也沒有—— 是一個也沒有。

當時我問自己：「為何沒有人購買？」

數年後，我再發佈一個新的 SEO 課程，今次能賣出，而且持續有人買！

我檢視幾年前的產品，再比對一下新的課程，就發現當時的產品本質上其實沒有問題，問題在於溝通真的太差了(包括銷售郵件、宣傳的內容)。

最近看 << 個人品牌 獲利關鍵 >> 一書，Mike Kim 解釋了這個問題。他認為產品化是個人品牌最後才應該走的一步。在此之前，你應該做好以下四個項目的其中一個或多個：

1. 演講
2. 寫作
3. 諮詢
4. 輔導

當時，自己的網誌還很幼嫩、只有執行過一兩次的諮詢工作，並未真正了解潛在客戶的問題，而一味是單純的猜測他們可能有的問題，以為他們需要的是行銷課程。

更重要的是，說白一點，自己未夠資格去賣、市場未覺得你的產品值這個價格。

《脆弱的力量》作者 Brené Brown 推出她的證書課程前是一名作家及 TED 演講家。

《怦然心動的人生整理魔法》作者近藤麻理惠在發售她的產品前寫了一本書，也是一名整理顧問。

因此，我自己是在磨練寫作與諮詢這兩個部份，直到有一天，突然好像掌握了一點讀者所想，才開始再研發我的產品。

總結

村上春樹說過一句與痛苦有關的話，個人覺得充滿著智慧。在你建立個人品牌的途中免不了感到氣餒，也許這句說話會給你一點點助力：

「痛是必然，但苦可以選擇。跑步時會想：「媽呀，好痛呀，我撐不下去了」。痛的部份是無可避免的事實，至於能不能撐下去，就看跑者自己的心態了。」

關於個人品牌，我偏向保守的那方，也相信個人品牌是馬拉松 —— 鬥長命，我應該有機會贏。

先準備好將會有很多人不喜歡你

很多所謂的人生導師，都會經常提及不要理會 haters。導師會說：「忽視 haters，因為他們是 losers......」。

但只要到人生導師的專頁留下負評，便會立刻被刪除。他們有專人從早到晚監視負評，活像一個大廈保安，原來導師所謂的忽視是這樣......

行銷本質就是宣傳一種價值、觀點。只要一有觀點，就一定會有人同

意、有人不同意。不要以為每個人也會支持普世價值，世界和平也不是每個人都想擁有。

所以，若你在行銷時要面面俱圓是不可能的，因為你提出的，可能正正挑戰了他們的既有價值觀。要別人承認自身觀點的錯誤，是很困難的一件事，就算你拿出所有理據推翻他們。

自己做行銷時偏向分享，且認為 SEO 知識應該是網絡世界共同擁有，但同行都不喜歡我寫很多 SEO 的知識。起初是有點不快的，但當你越來越出名，不喜歡你的人會越來越多，這是正常的，也要學習習慣。

如果你提供的資訊平白無用的話，不會有人因此看你不順，因為根本沒有人看你。

每個美國總統都有敵人、民望更高的人也會有 haters。我提出的觀點大部份都相對溫和，但總會有一至兩個忠實 haters 留言。

但記住，你的目標是你的受眾，他們正正就是需要你的新觀點、新看法，不是那些不肯轉變的人！

在我做行銷時，第一個考慮點是如何做才能對最主要的受眾提供最大價值 (儘管我都在內心害怕會開罪某些人，但我也會不停提醒自己)。

至於那些 haters 呢？我也會嘗試理解一下。不要忽視 haters 為何不喜歡你，要分清是客觀原因，還是主觀原因。

若是主觀原因，例如說你生得醜，相信我 (他們總有原因找你的麻煩)，這些倒是應該忽略的。

但若是因為客觀原因，例如你的內容準確性出現問題、有錯誤，這些是你應該正視並更改的。

正如一間餐廳服務態度差，還不止是一個客人投訴，需要的是正視，而不是忽略，或製造更多敵人。

但 ..... 不要到我的社交媒體做 hater，我還遠遠未能忽視每一個留言 ......

投入是關鍵

若想利用某種媒體做行銷，最重要是要自己先投入，才會見到成績。我不是 “IG native”——不是成長於 Instagram 年代，朋友大部份也不聚在此媒體，所以一路都想抄捷徑，試過找外國 IG 公司代理、也試過找本地大學生管理，但總是做不到想要的效果。

我不知道原因為何，明明都是貼圖寫字，就是反應跟 Facebook 差很遠。

思前想後，還是自己親身嘗試比較好。於是我強迫自己每天出一個 story（限時動態）、偷看一下其他同行怎樣經營、觀察其他相當出色的用家，又問問同事覺得問題在哪裏，一步步理解 IG 文化。

天生有一個改不了的缺憾 —— 不夠英俊 ，所以一般網紅的用法不能照辦煮碗搬過來用。

觀察了一段時間後，被年輕同事教化：以往的內容根本不適合這個平台，不能把 FB 那一套內容方式直接套用在 IG 上。

IG 較為圖像導向（要更漂亮的圖片），bite size(碎片化）的內容會比較合適。

若你身邊朋友不是聚集在某一個平台上，你是很難持續用新平台，這是不能避免的惡。

當然，我絕不可能一步超越 IG Native 世代的內容創作者，但也似乎逐步摸清如何使用 IG。重點是：我可以甩開了一部份跟我一樣世代的人們。

我很佩服 Gary Vee， 他每次發現一個新平台，都相當沉醉在其中，他由 FB 開始，一直到現在的 TikTok ，甚至很多連名字都沒有聽過的平台，都曾經嘗試過。最近興起的 NFT 更是玩得出神入化。

有矽谷哲學家之稱的 Naval Ravikant 說過，現在最需要的能力是高速學習能力：“…It's much more important today to be able to become an expert in a brand-new field in nine to twelve months than to have studied the “right” thing a long time ago….”

(... 現在能在九到十二個月內成為一個全新領域的專家，比很久以前學習「正確」的東西更重要 ...)

新一代的效率大師 Brendon Burchard 提及過， 在他走進這個培訓行業後，他花了一年半學懂電郵行銷，追蹤行銷效率，這令他火速成為其中一個最高薪的教練之一。

(誠意推介他的 << 高成效習慣 >> ，絕不是那些心靈雞湯系列，而是給那些已經有一定成就，但仍感到有點迷惘、有點過勞的人的一本指南)

投入是關鍵，選了戰場便全心投入，最起碼有一個目標，讓自己習慣每日操作。

先找到一個著力點

行銷公司通常都會想提供一站式服務：建立網站、社群媒體管理、KOL 行銷、Chatbot 行銷[1]、SEO、PPC[2] 等等。以前我也有同一個想法：和不同公司建立伙伴關係，提供更多的服務，一定可以賺更多錢。

最後，我失敗了。

原因在於要依賴其他公司，不能控制的元素太多：例如服務質素、工作進度、流程、客戶預期管理等。工作往來所協作的時間比想像的更多。

相反，公司成長最快的時期，其實是在減低自己提供的服務種類的時候！

精力管理在網路行銷真的很重要 —— 集中是很重要的，特別在你資源還不多的時候。

我是 Tim Ferriss 的信徒，而我也是根據 80/20 法則思考策略的：

20% 產品帶來 80% 的利潤

20% 同事帶來 80% 的生產力

所以，我經常會反思一下公司的成長引擎在哪一個部份，哪一個部份是推動成長的槓桿，哪一部份其實是在拖後腳中。

在我自己的行銷當中，我也是用同一個原理，去衡量利用哪個管道會為我帶來最大效益。我相對少在 Youtube 、Facebook 發佈內容，主要原因也在潛在顧客的數量及質素未如其他管道理想。

我曾在 Youtube 及 Facebook 也真的投放了不少資源，放棄的確有點可惜。但若不夠集中是做不出效果。 通用食品的老闆及前廣告經理 Charlie Mortimer 有一個比喻：「做宣傳廣告時，最浪費的情況就是沒有拿足夠的錢把廣告做好。就像買機票去歐洲，但只買 3 分之 2 路程的票。你雖然花了一些錢，但沒有到達目的地。」[3]

所以，當你有很多服務或很多產品，但資源有限時，建議專注在一至兩個，把它們做到最好。

Chatbot 行銷 [1] —— 是一種透過自動化對話系統來進行營銷的方式。Chatbot 是一種機器人，可以透過預先設定好的規則或人工智慧技術來進行對話，回答客戶的問題或提供產品或服務的相關資訊。

PPC (pay per click)[2] 付費點擊 —— 是一種網絡廣告模式，廣告主需要支付給廣告平台（如 Google 廣告或 Facebook 廣告）每次有用戶點擊廣告的費用。

[3]David Ogilvy << 廣告教父的自白 >> Ch 4 給客戶的提醒：讓鵝蛋為你下金蛋

閃亮症候群及停滯期

「Ringo，其實你介紹的方法，我全都已經嘗試過，全部都沒有用 ......」

說這句話的，是一位中年女仕 J，剛剛從大公司轉作私人公關顧問，專門替中小企進行公關工作。咖啡店的店員應該聽到，看一看我，我向他回望 ...... 氣氛有少許尷尬 ......

一句聽過無數次的話又再次出現：「 **我的生意真的跟其他人的不同 (My business is different!)**」

我問：「其實你嘗試過什麼方法呢？」

中年女仕 J：「我嘗試過拍短片、又嘗試過用 IG、FB、投放過廣告、連 Telegram 都嘗試過。我找到一位神級『大師』，告訴他不想再花更多冤枉錢，他答應會在 30 天內令我的生意起死回生。一個月後，我連一宗生意都沒有 ......」

我：「那麼是你拍短片沒有人看？還是有人看了，但沒有查詢？」

中年女仕 J：「沒有人看 ...... 」

我：「等等，你拍了多少條影片？」

中年女仕 J：「3 條」

我：「吓？」(因為朋友介紹，不得不給一點耐性)

好多人看到其他人用某一種行銷手法成功，就會覺得問題是在手法上 —— 看到別人用 Youtube 行銷成功，就立即開一條 Youtube 頻道，拍長影片；現時 Tiktok 爆紅，就即時改用短片。

我相信如果 99 天不洗澡，可以令銷售翻倍，這些人都會跟著做。

問題其實出在「人」身上 —— 大家看到的多是表象。要掌握一門行銷技巧，需要花費不少時間。 奇怪的是，很多人覺得拍攝影片只是拿起手機，隨手便能夠拍出能引發病毒行銷 (viral marketing)[1] 的影片。

可能天資較差，自己由「零」到可說是較熟悉 SEO ，用了接近 3 年時間。

美國的一個 Youtuber —— Doctor Ali，從全職醫生到成為擁有二百多萬粉絲的全職 Youtuber ，前後拍了 300 條短片。一開始他用了 9 個月時間，拍攝了 52 條短片，才有 1000 個訂閱者； 拍到第 85 條才開始賺錢。

他給大眾的建議：「若你要我給你事業上的意見，先完成 50 條影片再來找我吧！」

你是真的夠努力鑽研自己的技術嗎？真的摸清了每一個細節嗎？

我自己曾經患過一種重症："Shinny object syndrome" ，中文譯名是「閃亮症侯群 」。

「 很容易被剛出現的新奇事物所吸引，忽略原本已經擬定好的計畫，導致最終一事無成。」

這症侯群在行銷界很常見。我發病時，就是 10 年前不停在 Warrior Forum 買行銷秘技的時候 —— 這個導師教授的技巧嘗試了 2 天；然後另一個大師教的知識又應用 2 天 ... 三個月後，用了 20 個不同方法，最終發現什麼也不能達成。

結果，我給中年女仕的建議：「其實問題不在於方法或技巧，是你太急進了。不如你試一試集中先嘗試一個方法！等待你多掌握一點，才說方法沒用吧！」

最後她有沒有這樣做呢？

我也不知道，因為她再也沒有跟我聯絡。

我自己的建議，是給自己一個合理的學習時間：可能三個月、半年來測試，然後才轉換另一方法再嘗試，直至成功。

病毒行銷 (Viral marketing)[1] —— 是指利用網絡社交媒體等手段，讓產品、服務或品牌的消息在網絡上迅速傳播，形成「 病毒式 」廣告效應的行銷方式。這種方式通常是通過吸引人們自己去傳播信息來實現，而不是通過傳統廣告方式。

另一個情況是：剛開始時有點進展，之後就有點停濟不前。

一開始高速增長，然後增長減漫了，陷入了一段長時間平穩的狀況，然後你發覺這個「長時間」是有點過長了，好像有些什麼出錯了，然後你開始質疑：「我是否應該放棄呢？」

不論是 SEO、行銷技巧，少不免會遇到停滯期，好像做什麼都難以突破，甚至好像有點走下坡。

這個情況自己發生過幾次：就是怎樣宣傳，生意也沒有什麼增長；好像學習了很多新知識，但又沒有收到應有的效果。

看過《精進之道》一書，有一點點啟發 —— 真正的學習曲線不可能一路攀升，反而會有一半以上的時間都處於停滯期。如果想要更上一層樓，唯有堅持練習，毫不間斷地向前走。

學習享受停滯期，一步一腳印，這個過程是精進過程中不能避免的一步，而這也是你跟對手產生距離的關鍵之一。

不要沉迷一炮而紅

「Ringo，你真的要替我想一想 ......」

客戶：「我們的價格比別人好，某某和某某都是向我取貨，我們就是差一個爆點！你替我想想怎樣製造這個爆點？」

有一種客人會不斷叫行銷公司想「爆點」，就是要一炮而紅。他們覺得只是行銷公司想不到，不是做不到的問題。很多人只看到爆出來的表象，突然一炮而紅，一定是因為一個震撼的點子。

例如一件產品，本身可能平均要用三十元廣告費才能賣出一件，他們會覺得爆紅之後，只要用三元廣告費就能把產品賣出，甚至顧客會蜂擁而來，爭相購買，產品會突然變得炙手可熱。

於是他們不停找另一間行銷公司，不停捽數（給予壓力），直至發現沒有一間行銷公司可以滿足他們的要求。

我很抗拒這種客人，我覺得一炮而紅是不現實的，長遠對生意來說亦不健康。而我見很多所謂的一炮而紅其實是時間浸出來的。事實上，一炮而紅的情況少之又少。

Malcom Gladwell 的書《Tipping Point》探討過這個現象：為什麼某些事物，譬如流行物件、傳染病會突然流行起來，或突然消失。

這個前置時間可長可短，也有可能永遠都達不到「引爆點」。直至現在，我倒也沒有看過所謂的「一定爆」公式。我的觀察是：越上得快，下降速度亦越快。

事實上，你是很難持續產出「爆點」，自己倒是“5% rule”，即進步點以 5% 為起步點，在公司運作的層面，例如每季廣告表現好 5%、你的物流成本降低 5%、銷售額提高 5%、運作成本低 5%、轉化率提高 5%，這些方面更可控，亦更易執行，累積起來得益不一定比所謂「爆紅」少。

若你是穩打穩扎的建立群眾基礎，地基會比較穩固，名聲更能維持。

若你曾經經歷過這個過程，再重複這個行銷動作，會更容易複製差不多的行銷效果。就算接著策略出錯，你知道如何走回原路，逐步修正，退一步再繼續行、再繼續嘗試。

習慣賣廣告（和輸錢）

朋友開展了自己的瑜伽事業，問我怎樣做行銷比較好？

我：「那你做了些什麼？」

她：「我每天也在更新 Facebook，也有拍影片。有時會開 WhatsApp 群組，把朋友拉進來......」

我：「那你有否嘗試過賣廣告？」

她：「沒有，我覺得沒有用......」

我：「你花了多少錢賣廣告？」

她：「一百元左右，但我覺得沒有效！」

我：「吓？」

不知為何跟很多初創對話，他們對免費宣傳往往非常著迷，執迷得一分廣告費用也不捨得花。就算他自己是替客戶做推廣的，公司放在自身的廣告預算也是少得可憐，很諷刺吧？

現時的社交媒體自然觸及率 (organic reach)[1] 很低，你很難在沒有投放廣告下得到合理的曝光。我也沒有看過一個成功的生意，是不用花費任何行銷預算的。

我知道你心裏想什麼：「這個人在說廢話！你現時生意穩定，當然會這樣說。我現在就是沒錢，有錢的話我就找 Mirror[2] 做代言人啦！」

創業每一分錢都應該花在刀口上，我也嘗試過每天出 Facebook 貼文，反應有好有壞。現在回望，我覺得內容質素其實也不錯，只是我可能要用一個月時間，才能判斷出哪些內容是好、哪些內容不夠好，而我可是每日也花了相當氣力。

輸錢感覺的確不好，但你應該要看待成買回了時間。儘管你可以堅持，但不賣廣告，其實是在花費更多的潛在成本 —— 你若果沒有生意，也得消耗其他成本：租金、員工資薪、雜費等等。

投放廣告能快速測試市場反應，放大你的「好」與「不好」，你得到的回饋會是最快、最真實，這樣才可以加速你行銷的整個流程及調整你的策略。

輸錢或沒有回報可能會令你感覺不適，但真是必要的痛。

若你發現廣告沒有回報，會感覺很不舒服，說實話，你可以只花費 10 元、20 元一天，不需要用太多預算，但這樣你已經展開了學習的旅程。

投放廣告的技巧，是創業一定要有的。我也後悔在一個較後時期才開始，損失了很多時間（我也要克服輸錢的心魔）。只要你願意開始，理論上是會逐漸進步的，很多時並沒有想像中難。

最近詢問過幾位前 Google 及 Facebook 員工，他們說目前的 AI（人工智能）其實已經非常成熟，只要給 AI 有足夠學習時間，它們的表現很大機會比人手操作更出色。你要設定的可能只是你的預算及時間而已。

廣告投放技巧很多，不是本書能全面涵蓋，在下廣告前，要記得分辨清楚，不同廣告平台的受眾特色，借用《十億美元品牌的秘密》的說法：

「...... 在廣告方面的關鍵區別是，臉書是一個受眾平台，Google 則是一個「意向」平台。Google 擅長識別輸入搜尋關鍵字的人，也就是那些積極表達意向或對某事感興趣的人；臉書則擅長辨識目標受眾，也就是**可能**會對某些東西感興趣，卻尚未在網路上表現的人。」

「...... 藉由 Google，你可以找到 1000 位今天可能正在搜尋教學碩士的人，但在臉書上，你可以找到數以萬計在資料中表明自己是代課教師的人，他們可能正在考慮報讀教師文憑，卻還沒有開始搜尋 ...... 你可以銷定正確的人，吸引他們的注意力，並讓他們買單。」

我記得自己以前平均一個 leads（潛在客戶）[3] 的廣告成本是 500-600 元，這算是多，還是少呢？那就要比較，雖然你很難知道對手 CA 數字 [4]，但隨著你的廣告投放技巧提升，成本會越來越低。

輸錢在學習的過程中一定會出現，就是連廣告專家都會有負回報的情況出現。但分別是廣告專家會明白輸錢是贏錢的一部份，也會從輸錢的廣告組合，得到教訓及學習，從而做出贏錢的組合。

自然觸及率 [1] (organic reach) ——是指用戶在不通過廣告或市場推廣活動的情況下，自然地接觸到某個產品或服務的比率。

Mirror[2] —— 香港一隊當紅十二人明星男團

Lead[3](潛在客戶)——即對公司產品或服務有興趣的人。這些人可能已經填寫了聯繫表單或進行了其他類似的行為，表明他們有意願與公司進一步聯繫。

CA (customer acquisition) [4] 客戶獲取—— 是指企業為了增加銷售額和收益，通過各種手段吸引新客戶並使其成為其產品或服務的長期使用者的過程。 這可能包括廣告、市場推廣、銷售技巧、網絡營銷等各種方法。

舊的行銷手法一定無效？

Dan Kennedy 分享過一個關於 Headspace 的故事。(Headspace 是一款幫助冥想及入睡的 app)

當 Dan 抵達 Orlando 的酒店時，除了他的門匙外，還有兩張印刷精美的實體卡，內裏有一個 QR Code，然後寫著：「Start Your 30 days free trial!」

為什麼他們不在 FB 或 IG 下廣告，跟一些 KOL 合作，而要大費周章跟 Hyatt 集團商討合作，印刷卡片？

可能的答案是：

- 商務人士可能更需要好的睡眠 (他們在飛機上、旅途上未必有最好的睡眠環境)
- 他們有更多預算， app 的續訂率可能更高
- 有很多人是 FB 或 IG 接觸不了，特別是高階行政人員

不要限制自己的行銷渠道，事實上很多傳統的渠道的收費越來越便宜。記住：行銷最終目的是銷售，而不是追求無謂的 “Like” 數。

公司樓下經常有人派傳單，貼街招，什麼類型的傳單都有：食肆、家具、電器、日韓家品、拳館 ... 什麼行業都有。

個人覺得行銷方法沒有新舊，只有有效與沒有效。以前，我怎樣想也不明白，為何還會有人用派傳單這個手法宣傳？直至一天，我拿著傳單到一間藏在工廈裏的日本餐廳進餐，原來真的有效 。

兩年後，我要買家具，就下樓找派傳單阿姐，兩年來的傳單樣子沒有變。雖然 FB 有所謂的地區宣傳，但怎樣也不會精準過阿姐。

若沒有效，為何會花錢派兩年傳單呢？

有人聽到一些舊方法會覺得好老土，但我不太同意 ......

行銷就是要與別不同，就是要別人記得你。當每個人都做相同的事，被記住的機會會越來越小。

現時每天都會收到 EDM[1]，你真的會查看每一個嗎？

因為發 EDM 成本很低，因此不少公司都會採用。

我自己就幾乎 98% 都不會看，而且我在想很多人都應該跟我一樣。(電郵行銷有其作用，但若果要令自己與別不同，則可能要再想一想)

我開始在用相對舊的方法，寄信 (你沒有聽錯)，還是手寫的！

若你朋友寄信給你，你會不會打開看？我一定會。

你想一想：同一份內容，若是用 email 寄給你，與另一份用手寫寄到你家，感覺會有很大的分別！我開始寄手寫信，連信封的地址都是手寫，把信弄得越原始越好，就好像朋友匆忙寫下的一樣。

成本是多了點，但相信我，比起冷冰冰的列印文件，收件者絕對能感受到你的溫度。

因為在拆開信件這個過程，其實已經是體驗的一部份。

不是所有舊方法都可行，而你可以小規模測試。而這亦是由 << 南瓜計劃 >>、<< 衛生紙計畫 >> 作者 Mike Michalowicz 舉出的一個女生 Kasey Anton 的案例：

她在 Boston 曾經經營過一間時髦的餐廳，現在已經成功賣出，但當初她是如何推廣這間開在後巷，沒有什麼名氣的餐廳呢？

她的主廚覺得只要製作好食物，客人自然會來。但 Kasey 厭倦了等待，因為要付租金、要付薪金 ...... 她要想出方法！

事實上，她的方法不是什麼大創新，而她也覺得十分老土：就是整理之前客人的資料。那些填下自己生日的客人，她會在生日兩星期前寄上一枝生日蠟燭，並附上一張卡寫上：「你生日，我請你吃飯。唯一需要注意的是，這項優惠不適用於週五或週末晚上，因為那些時候通常都很忙。」

你生日，我請你吃飯。唯一需要注意的是，這項優惠不適用於週五或週末晚上，因為那些時候通常都很忙。

她在卡中特別寫上：「沒有任何附帶條件、沒有最低消費、沒有買一才送一這些限制！」因為她自己也討厭這些行銷廢話。

她的想法是，很少人會一個人慶祝生日， 應該可以從朋友當中賺錢。結果客人真的上門，她並在 1 個月內，從客戶手上獲得 18000 美元的毛利。

更重要的是，其他人自願加入她餐廳的名單，誰不想生日有人請吃飯呢？

最近我也在測試一個方法，就是選用我們的客戶，會有一個由本土品牌 RePillow 製作的枕頭。

寓意大概是：「用了我們的服務，你可以安枕無憂」

跟同事討論時，我們想一件東西，要顧客記住我們，但同時又不太硬銷，避免客人一收到就丟棄，所以一定要選一件比較實用的物品。年曆常見但太普通、USB 硬盤又太細小，枕頭就是我們最後的選擇。

我相信，那些收到枕頭的客人怎樣都會有一點意外！最少會在想：「在幹什麼 ?!」

成效好嗎？我不知道。

我想表達的是行銷就是要令人有點意外、有點與別不同，就算是舊方式也可以與別不同，你需要的就是不停測試！ 你不用有一個驚天大預算、可以逐少逐少加入創意，及逐少逐少測試。你面臨最大的阻礙，是有沒有「勇氣」做與眾不同的事。

EDM[1]（Electronic Direct Mail）—— 是一種電子直郵營銷方式，透過電子郵件向目標客戶發送訊息、廣告或促銷資訊，以提高企業產品或服務的知名度和銷售額。

行銷自動化？

在開始網路行銷時，我相當沉迷自動化——但凡所有可以自行運作的工具我都會購買和安裝——自動化寫文章、註冊社交媒體戶口、把影片發佈到全世界的影片平台。我有一部電腦也是因為應付自動化工作，過勞而報銷的。

我看到很多公司都越來越自動化，生產流程自動化無可厚非，但總覺得有些部門是不應該自動化：例如投訴、購物、行銷部門。

當你遇到問題，你也想找人直接解決你的問題，而不是程式叫你先閱讀一百條常見問題，而最後亦解決不了問題。

在客人的立場，我很反對自動化 ..... 因為，我也只想跟真人對話。

當然，你在 Amazon 買東西，可能整個過程也沒有接觸到真人，但如果你是提供 B2B 服務、專業服務、SaaS[1]，直接溝通非常重要。

最近遇見一個售賣枕頭的少年人，我覺得他經營得很不錯。枕頭是一個相對傳統的行業，正常會嘗試過、睡過才會買 —— 但他決定網路上發售 (沒有試用)。

他可以說是 24 X 7 跟每一位準買家溝通，而逐步改良產品，而我相信很多人被他對產品的熱忱感動而購買。

他確實可以只用 chatbot 去做客服，但我相信不會走到日賣三百個枕頭這個程度。而因為他的貼身服務，當他們邀請用戶見證時，是我見過最順利的，而每個客戶的轉介數字亦不少。

那不用 Chatbot，用 VA[2] 可以了吧？

說來諷刺，我一開始最鼓勵用 VA (我自己最高峰時有四個 VA)，但現時已經沒有了。主要原因是你很難確保質素跟流暢度。就算你請的是全職 VA，他們也可以私下替其他人工作的，而在遠端的你是控制不了的。

這亦導致他們有可能正在忙另一份工作，而忽略了你的工作，而很多時候在客服環節，晚了十分鐘已經可能令你失去了一張訂單 (自己的經驗

之談）。

行銷要突顯不同，需要個人化。若在你的行業，每個人都用自動化工具的話，簡單手動化某個部份已經可以為你贏來不少客戶。

<<Conversion Code>> 作者 Chris Smith 說得很好：

「自動化被高估了，自動化令你有借口不再拿起電話跟潛在顧客溝通。如果你想利用網路行銷賺得更多，你一定要拿起你的電話。」

個人覺得，很多行銷自動化比較適合已經有一定規模的公司，這種自動化才值得花時間投入。若你只是剛開始、連收入也不穩定時，你應該多花時間在產品研發、在更了解你的顧客。

公司應該偽裝很有規模？

「又要找人假扮同事、連電腦都要自己帶、偽裝公司很有規模……」

一位同事提及他朋友的老闆因為要準備新聞採訪，要求令人感覺公司更具規模：公司有幾十人、業務範圍廣闊，於是命令同事把 coworking space 的整個工作空間假裝成自己的公司，又要求同事幫忙找臨時演員假裝在工作。

以前，也真的覺得這種門面比較好，我曾經假裝公司有十多人，但有前輩說過：「其實公司規模多問兩句已經知道，你以為大老闆都是傻的嗎？ 人家經營生意這麼久，怎麼會這麼容易被騙？」

直到今天，不時會有年輕人來找合作機會，有時真的好像會看到以前

SaaS（軟體即服務）[1] —— 它把軟體應用程式以網路方式提供給用戶使用，用戶可以通過網路直接使用軟體，而無需在電腦上安裝。

VA (virtual assistant 虛擬助理）[2] —— 透過身處遠端的助理， 協助處理各種工作， 例如客戶服務。

的自己：一個西裝不太稱身的年輕人，一見面便說自己公司有 20 多人，但對話內容十分稚嫩 ... 我暗自心裏笑了。

坦白點未嘗不可

前幾天一位大約 50 歲的男人致電，聽起來他應該已是「上岸」，生活無憂。我問他為何找我？

「因為你很不一樣，不虛偽，我看得出你的分享都是真心話！」

這個情況其實發生過不止一次，部份追蹤了我相當長時間的人，大概知道我說話的模式、內容、風格等。

因為我的樣子不算穩重，做 B2B 業務會有點吃虧 。一開始時，我想建立一個比較專業的形象，刻意減慢自己的說話速度，給人比較斯文的感覺。

起初還可以，但漸漸發覺很吃力，長時間扮演一個不是自己的人，很難也很累。

接著，我開始分享自己犯的錯、喜惡，分享自己的生活、對不同事情的看法，在直播又分享過生意失敗、失戀等事情，到最近連新年撞車也分享，跟群眾的距離不會太遠。

最近收到一張卡，就是提及那個直播的內容，我就照字過紙搬過來吧：

「一晚，我意外看到你和 Manos Mui 的直播，聽到你「螢光黃短褲」及 「摩天輪」的往事。這帶給了我一點安慰，我亦總算堅持下去。 」

你也總會相信一個比較真實的人吧？

你可能會想：「他們會否嘲笑我呢？」

是有可能的，但不妨試一試跟朋友分享，然後再擴大你的分享受眾，直至自己感到舒服一點。

有一位四年來一直光顧的客人，是一間公關公司的老闆，我其中一個合作伙伴。但最初和他接觸時並沒有很順利。在一間咖啡店中，喝著冰巧

克力的同時，我把以前所有成功案例告訴這位身穿馬甲的中年叔叔，45 分鐘過去，他看似很不耐煩。

我察覺不了在哪個地方出錯，明明說的就是跟他行業相關的案例，也沒有誇大，殊不知他突然問了一個問題：「你做得最差的個案是怎樣？」

我有點被嚇到了。他說：「其實和你見面之前，我也和其他人聊過，但每間公司都說自己怎樣幫助客戶、個案有多成功，我根本無法判斷真假。」

可能作為公關公司，處理危機經驗豐富，他很關注跟我們合作後最壞的情況。

我很掙扎，怎可能沒有失敗的個案？但說了出來會否破壞合作機會？我很想隨便說一個個案敷衍他，但以他經驗不可能會滿意。

最後在他步步進逼下，我結結巴巴地說出以下故事：

「剛剛創業時，因為想盡快達成結果 ...... 用了非正規手段去做優化，就是使用了很多外來反向連結[1]，短時間推高排名。的確，排名在一個月內就上升了 ...... 但一天客人突然致電，以很差的語氣問：「你到底對我的網站幹了什麼？」

我也不知道發生什麼事 ...... 只是很驚慌 ...... 他 5 個網站的所有排名沒有了 ...... 但他的對手排名卻上升了。

「你給我一點時間看看！」

經驗少，加上驚慌失措，我也不知道自己應該找些什麼，最大壓力是客戶幾乎每 15 分鐘就致電給我。起初我也有接聽，一小時後我開始不敢聽，那時已經是凌晨一時半 ......

當時還是跟家人同住，亦不想嚇到他們，於是下樓才敢接電話。我也找不到原因，只好安撫他沒有事，卻足足捱了 45 分鐘責備，沒有粗言穢

反向連結[1] (Backlink)——是指在其他網站上連結到某個網站的連結。這些連結被稱為反向連結，因為它們是從其他網站流向該網站的。在搜尋引擎優化中，反向連結是非常重要的因素之一，因為它們可以幫助提高網站在搜尋引擎中的排名。

語，但更難受。

我整晚也沒有睡，終於找到了 Google 的警告，原來他們偵測到這些不自然連結，要懲罰客人的網站。

其實已經解釋不了，但最後我還是向客人坦白情況。客人當然非常憤怒，我也嘗試過所有可以補救的措施，但無補於事。

結果我當然是退款，還替他重新建立三個網站，足足兩星期全天候免費為他工作，最後他也找另一個服務供應商。

我說完後，面也有點熱，穿馬甲的中年叔叔聽完後沒有太大反應，我也預計到沒有合作機會，畢竟他要用自己公司名聲去為我背書，風險真的很高。

兩天後，我收到他的電話，他說暫時找到了其他供應商，並對我的付出時間表示感謝。

一年後他私訊，說對我下樓被責罵的印象很深，而我還在這個行業，應該差不到哪裏去 (這不能說是讚美吧 ?)，說有新案子想找我幫忙 ...... 我們合作至今已經四年了。

坦白與否真的因情況而定，有可能真的會把客人趕走，我也真的出現過這個情況。今天面對更大的客戶，我有時也會非常坦白 :

- 「公司現在的規模未必能夠滿足你要求，如果這是你的關注點，可能你要再找另一間行銷公司了。」
- 「很坦白，不是想拒絕你，但你的目標太離地，我們應該做不到了。」

雖則未至於 100%，但都會有一半客戶會因為這種坦白、自揭弱點的方式會繼續討論下去。最重要的是客戶的預期會變得更貼合自己公司的情況。如果你可以說服客人遷就一次，之後商討時會有更多讓步的空間。

建立人脈的關鍵

你一定聽過人脈很重要，「識人好過識字」。

但你說「認識」某君，和「真正互相認識」可能是兩碼子的事。我「認識」Elon Musk，那又如何？

見到很多人喜歡跟名人合照，放在社交媒體上，但那是真人脈嗎？

做生意一段時間後，總會有人叫你參加商會。我本來是一個內向的人，參加商會也只是礙於要找生意（現在沒有了），交際對我來說不是易事。事實上，我在商會得到的生意很少，可能是文化不適合自己，也可能是自己不是付出者吧！

商會總會洗腦式跟你說：「先付出、後回報。」

但究竟需要付出多少、多久呢？之前提及過，作為 digital marketer，懂得計算很重要。參加了一年半的商會，我付出了會費及早餐費、很多個睡眠不足的夜。

回想，其實是自己的價值未夠。我的精力應該多花在建立自己的價值，然後才有機會吸引別人到自己身邊。

劉潤說得好：「你能為別人創造多大價值，你就有多大價值！」

所以人脈本質是 —— 你可以為別人做什麼？

不是「別人可以為你做什麼！」

創投家 Naval Ravikant 也說過：「如果你正在創建一些有趣的事物，總會有更多人想要認識你。在開展業務之前過早地嘗試建立商業關係，完全是在浪費時間。」

（“ ……If you're building something interesting, you will always have more people who will want to know you. Trying to build business relationships well in advance of doing business is a complete waste of time….”）

我們不是應該把精力放在自己的生意上嗎？

可惜我要到過了一段時間才了解這個道理。所以，別浪費太多時間跟名人合照、到他的臉書留言，想一想怎樣為這個人帶來價值。

根據權力分佈，若你是用一個粉絲的狀態跟一個人建立關係，你是很難跟這個人平起平坐的。

若你發現在某個區間上(例如事業上)，你是明顯處於地位比較低的情況，而你想跟這個人建立比較對等的關係，最好不要用這個切入點。

你一定要先找到 Common Ground(共同點)，就算是幾弱也可以。

簡單說，例如你到歐洲旅行，全部都是歐洲人，但突然你見到一個說廣東話的香港人，你們或多或少之間會有 common ground。

在商場上，總有機會遇到很多大老闆，你的事業或生意規模可能遠不如他們，但你要找方法在某個領域上比較突出，然後吸引他們來找你。

追蹤了我一段時間的朋友，可能會發現我的專頁有不少參加外國行銷會議、書本介紹或參與比較刺激運動的照片。

一方面是在做品牌，但其實我也是在找 common ground。

不少做生意的朋友都非常好學、也有不少老闆喜歡玩刺激的運動。有不少本身不算相熟的前輩也是透過這些課題、運動而結識。所以，看到我吃喝玩樂的相，不要太驚訝。

若你暫時處於起步階段，也不太喜歡社交場合的拘束感，試著找一些共同興趣群組。最近加入了「中年籃球」群組，意外地遇到不少老闆、媒體人、甚至快要上市的初創老闆。

當然，我也不是抱著交際的心態走入這個群組，還是交朋友優先，生意後談，但最少別人有機會記得你。

一位前輩提點過我好幾次：「要想盡辦法雙贏。要維持合作關係，最理想的當然是雙贏，次一點是先輸後贏。一定要令人覺得跟你合作絕對有利，關係才會長遠。」

你若能毫無保留的把價值付諸別人身上，人脈自然可以建立。

你受得起聲名受損嗎？

因為 sales funnel（銷售漏斗）[1] 的關係，發現很多人都直接用了外國那套漏斗模式，先是舉辦說明會、出售課程、然後推銷進階諮詢服務。

其實每兩至三年就會出現這些大師，通常都是橫空出世，故事都是用了不足一年時間由破產走到致富之路之類 ...

我自己也參加過這些介紹會。六年前曾經和幾十人一起坐在一間辦公室，導師講解他如何透過 Amazon 致富，其實即是銷售會，最後當然是需要付錢才會教你秘訣！

Facebook 很快便出現了「XXX 騙人群組」，討論區又會出現「XXX 又出來騙人！」等討論。

我認為課程本身是沒有問題的，問題在客戶期望管理 —— 簡單而言「吹噓得太大」。

一年半以後已經不再看到他的宣傳，曾經報讀他課程又不滿的人，會不斷追擊他的所有新內容。（我也不明白他為何不退款了事，反正成本其實不大。）

觀察這些群組的評語，不外乎覺得導師沒有料子、沒法解答問題、懷疑他是否真的有操作過。

歷史總是在不斷重演，最近又見到另一個導師出現差不多的情況。

曾經有朋友說：「那些大師已經賺了一筆，也不用理會那些劣評」

「那些人以為自己付了萬多二萬元便可以賺大錢，哪可以怪導師呢？」

可能自己也曾經處於掙扎階段，的的確確會把所有寄望放在導師身

Sales funnel（銷售漏斗）[1] —— 是一種營銷模型，用於描述潛在客戶從認識產品或服務到購買的過程。Sales Funnel 通常包括四個階段：引起關注（Awareness）、產生興趣（Interest）、引導決策（Decision）和完成購買（Action）。在每個階段，潛在客戶的數量會逐漸減少，只有最有興趣和最有可能購買的客戶才會進入下一個階段。

上，而如果導師很有信心的跟你說：「跟著我操作一定會成功！」，這樣便會有錯誤的期望，而通常錯誤期望後續便會出現大麻煩。

有些人喜歡短期賺一大筆錢，這是人性，也無可厚非的，但若你想長做長有，個人品牌、名聲就相當重要。

雖然 hater gonna hate，但當在 Google 搜尋自己的名字時，被賦與騙子的名銜，我就承受不了。還有，長遠來說，慢慢舒服地賺更好、更容易，也更多。

說回期望管理，個人覺得不論賣產品或服務，也應該好好拿捏。雖則說同一段說話或文字，每個人演繹都不一樣，但也不能全怪詮釋的人。

一句話提升了我生意接近 10 倍

幾年前一位前輩跟我說的一句話，令我的服務費由每月 3000，跳升到每月 30,000。

記得第一單 SEO 案子報價，我猶疑了很久，也不知道應該怎樣報價。一來我不清楚市價；二來因為我清楚知道成本，所以若價報得高，我會有一點「不好意思」。

不知道各位有否經歷過這個情況：覺得自己的產品或服務太貴，令自己也不好意思說出價錢。

最近有個剛剛創業的朋友，他說銷售對他來說很困難，每次把價錢提出來都會感到有點尷尬，怕開價太高會嚇怕潛在顧客。

我也曾經有一個疑慮：「我會否收費太貴？」

這是一個很複雜的情緒，就算是現在，有時也會出現這個想法。反觀，有時同事出價比我更高更狠。

究其原因在於，我用了自己當時的收入或處境，去想像客人的口袋有多深。

一個簡單例子：假設你每月收入為一萬元，你會以為有很多人跟你的薪金差不多，因為你身邊接觸得最多的，可能都是跟你收入相當的人，所以你不好意思向客戶收取五萬元費用。

2014 年跟一位老闆在美麗華酒店午餐，我解釋了自己做什麼工作，工作內容包括些什麼等等……

接近尾聲時，他問我收費是多少，我告訴了他價錢，然後他輕描淡寫的回話：

「其實你可以開價高很多！我以為最少都要 3、4 倍……」

我頓時有點面紅耳熱，一向通常聽到人問我能否減一點，收得順攤點(便宜點)，第一次聽人說收費太低。

重點是，之後他介紹了兩位客人，而我開價是原本的 5 至 6 倍，竟然十分順利。當然，因為有這位老闆加持，信任度提高了，價格自然可以開高一點。

但我得到最深刻的反思，是你要記着以下這句說話：

「這個世界其實真的有很多有錢人！」

另一句說話也要記着：

「這個世界其實真的有很多有錢人會買你的產品，只是你暫時找不到他們！」

若你能把這句話刻在心，又完全相信的話，你會發現你能夠輕易提高的銷售額。

有錢人比較麻煩？

我可以肯定的告訴你，有錢的人跟沒錢的人都一定都會有麻煩的地方，但肯定有錢人的麻煩，你會煩得比較開心，或較為容易合理化了他們的麻煩。

「重點是他覺得你值不值得！」

跟不同優秀的人及老闆們合作後，我發現他們對某一件東西看得更為重要，就是：時間。

他們可能很好學，但在心中會設有一條底線去衡量自己應否去學，還是花錢買別人的學習成果較為划算。他學了你的技能，可能會替他多賺 10%，但用同樣的時間，他可能可以在別的地方賺 40%，若你是他，會如何選擇呢？

若你的服務能替他省時間、或賺更多的錢，價格不會是問題！

再提醒你一次：「這個世界其實真的有很多有錢人！」

我曾經分享過很怕預算抓得很緊的客人，原因在於他可能把所有希望放在你身上。不是我怕無法做出成績，而是在整個過程中，任何風吹草動，都有機會觸碰到他的神經，令自己或同事處於極大的壓力當中。

我寫這篇的原因，不是叫大家盲目提高價格，而是想告訴各位，在訂價時不要以自身經濟環境去訂價，不要自我設限，而你應該以價值來訂價。

若不太懂得如何提高價值，不妨跳去後面 << 提高收費必要技能 — 增加感知價值的八個方法 >> 篇章，那裏有更多不同技巧。

希望各位能早一點接受這個觀點，賺得更多！

找行銷公司之前，你最好知道自己在幹什麼

前幾天收到一間頗大的國際電商查詢，來電者還是 CEO：

「我想找你幫忙做行銷……我們出售美容產品……想做 SEO!」

「你明天可否給我一個提案？」

我：「那你的目標是什麼？是維護品牌形象？追回失去的流量？還是……」

CEO:「就是幫忙做 SEO，給我一個 KPI[1]。」

我：「這樣恐怕會沒有效率，不如你先弄清楚為何要做 SEO?!」

我很怕面對這些顧客的。

有朋友說：「有生意先接了再說！」

我：「他們根本不知道自己想要些什麼，而就是聽說他們的同行，用了某些方法，便說要跟著做。而這些客人絕大部份都是沒有耐性 ..... 早晚會出事！」

不知道為何很多人都會有一種將生意成敗的責任全部交給行銷公司，而自己是不加思考的做法。

曾經幫助一個媒體做 SEO 工作，他們發現每次新聞發佈都輸給對手，於是找我們幫忙。深究問題後，發現媒體當中沒有一個人有 SEO 概念，而他們想六個月內超越對手。

它的對手，則是全公司每位員工，上至總編、下至社交媒體小編均知道公司策略，也對 SEO 有基本認識，公司成立第一日開始已經執行策略。

客戶卻認為只要做六個月，便可超越對手了？

想一想，別的公司花了六年時間去建立，若你只需要六個月，便可以用同一個方法超越對手，那對手這六年可真的在做夢了吧？後起之秀要用同一個方法去打敗對手非常困難，你要想的可能是選擇另一套策略。

我想表達的是，除了對自己的生意目標清楚外，也應該對自己公司的實力有基本認知，這樣你才不會被行銷公司牽著鼻子走。

It is all about staying in the field

跟一位剛剛自行創業的朋友出海玩帆船，他正遇上生意低潮，問我如

KPI[1]（Key Performance Indicators）—— 是指用於衡量企業或組織是否達成目標的關鍵績效指標。KPI 可以是數字、比率、百分比等形式，通常與企業或組織的戰略目標和業務流程相關聯。

何捱過生意掙扎期？

我立即記起，曾經在一個分享會，主持人問我：「成功有什麼秘訣？」

我其實當下有點難為情，不是假裝謙虛，而是自覺距離成功還很遠很遠，我也不明白，為何他會問這個問題。

我很想衝口而出：「大概是我非常幸運吧！」

我知道提出這個答案，等於沒有回答，又帶點自負，但這真是我心裏所想。

思前想後，我只有一句：「不要死，直到運氣降臨。」

行銷概念
Chapter 02

行銷概念

追客 VS 吸客

我很喜歡看黃子華的棟篤笑，陪伴了那些壓力非常大的日子。若你試過搶購門票，很難想像他在一開始時會擔心門票沒有人買。基本上，現在客人是追著他跑，只會供不應求。

初創業時有一個做按摩的客人，不是按摩店，而是獨立的按摩師。那時我真的很缺錢，結果在報價時，價錢壓低了一半，還要附加額外的服務。(不要誤會 …… 服務是合道德的)

也記得有一次，準客人說比較忙，要在深圳才有空見我，而我真的從香港跟著他到深圳，山長水遠，跟他只談了 10 分鐘，案子談不成，連交通費也虧了。

我就是追著客人跑！

當你一跪求，掌控權便會立即交到別人的手裏。我學到一個重點 —— 要理解權力遊戲！

因為要搬遷辦公室，找了不同樓宇代理看辦公室，其中一個帶了我們看了十個，整個過程其實也算順利的，也有一至兩個心儀的選擇。

明白代理也要做業績，人之常情，但看完辦公室後幾乎每天在電話及 WhatsApp 跟進，追問進度，連星期日也不停追問。由舒服變成被逼下決定，近乎被恐怖情人糾纏的感覺……原本的好感變成恐懼，嚇得夥伴連電話也不敢接聽。

聽過 Dan Kennedy 講解他是如何玩這個權力遊戲：不論客戶給多少錢，他都會要求客人到他的辦公室上課，遷就他的時間，不管你是老闆還是 CEO。簡單說，就是要告訴客戶誰是王。

當然，要去到這個境界也是有一定名氣才可以成事。一開始，追著客人跑是免不了，但要留意追客與吸客的比例，是否正逐步改變？

若你的生意由始至終都是追著客人跑，你始終一日會感到疲累，當你一停下來，便可能沒有新客人了。

我自己也傾向不再追著客人跑。我很少催促客戶做決定，有時連同事都會問我是否要跟進一下。我的想法是，若在提案後，他們沒有採取行動，可能是我們提供的價值還不夠，那我應該再想想哪一部份要表達得更好。

想一想有什麼方法去提高感知價值，令到客人追著你跑，又或學會如何利用不同框架，令自己在談判處於更有利的地位。

記得好幾年前，我喝了一隊籃球隊份量的 Red Bull，通宵準備翌日的提案。會議室裏有四個人，其中一個是老闆。在我正式開口前，已經感到氣氛不友善，老闆幾乎只是在掃電話，眼尾也沒有看過我。

一如所料，我被這個情況嚇怕了，不知是咖啡因的影響，還是緊張，提案表現很差，最後當然是沒有成交。

及後，我才會學會要先粉碎老闆擺出的權力框架才有機會獲勝，而這個技巧亦令自己的成交率提高了不少。關於這個部份，推薦 Oren Klaff《為什麼 Google、LinkedIn、波音、高通、迪士尼都找他合作》一書，你可以學到很有效的框架，令你的權力可以提高一點。

追著客人跑很難有機會得到一個理想的價錢，因為你永遠處在談判桌上弱的一方，持續提高自己的價值，令客人不能失去你，你才有更高的談判籌碼。

單價越高更著重你是誰，而不是你賣什麼

公司成立初時打算找 SEM 公司[1] 合作，希望可以互相介紹客戶。

一間是新開的廣告公司，另一個是已經有相當名氣的廣告專家。同一個服務，新公司報價 3000，專家報價 50000。

我見到報價差異後有點震撼，想知道工作的分別在哪。專家沒有回答，只是指一指自己說：「因為是我賣，不是阿豬阿狗！」

當刻我覺得他非常自負，不太明白當中的道理。在我的認知中，訂價差異不是因為服務質素不同嗎？

初創公司跟專家實力可能只差 1 倍，但價錢卻可以相差 10 倍。起初我覺得這個世界很不公平，但工作了一段時間後，我開始明白：

當你接觸的客戶規模越大，或客戶是在越頂層時，他們對「誰」的重視比「做什麼」更高。

「誰」這裡指的可以是個人或品牌 —— 不是指你不用真材實料，而是當別人未有機會知道你的實際能力時，你的劍就是你的名氣及品牌。

我曾經在一個上流飯局分享自己的進階知識，打算給他們留下一個深刻印象 —— 想當然耳，他們對我說的一點興趣也沒有，肯聽一下，只因為邀請我到飯局的人是這些人的生意偶像。所以，若你要針對高端的客戶，你要持續做的是建立你的名氣、你的品牌。

最近看了一套真人真事改編的 Netflix 劇集《 Inventing Anna》，故事大概是一個女孩子如何從寂寂無名變成城中名流，再變成階下囚。

她的經歷其實也頗反映現實：她的目標是要建立一個全美最高級的俱樂部 —— 她需要找最好的地段、也需要有最好的策展人、也需要有設計師、建築師等。

但每一個她想接觸的人都跟她說：「如果 xxx 同意，我就會跟你合作！」 (XXX 是某一個名人)。

事實上，這些名人相信的不是她本人，而是其他名人背書。他們不會

花時間去了解你的能耐、你的做事方式、甚至你是誰，他們相信的是一個他們願意相信的人。

也因此，在你的行業裏，若有機會跟名人合作，不要害怕請求推薦或見證。若你真的幫助了他們，他們是不會介意替你背書的。

我發現請求推薦或見證時，得到的推薦通常都不是太有力，可能是「XXX 的服務很好，強力推薦！」，一看就知道是交功課式的內容。參考外國 marketers 的做法，他們通常會有一系列問題給寫推薦的人，例如：

1. 一至兩句簡單介紹你的背景
2. 一至兩句跟我合作之前時自己遇到的問題
3. 一至兩句跟我合作時如何解決你的問題（可以是方法、態度）
4. 一至兩句說明工作成效
5. 你是否推薦我的服務呢？

記住，「真實性」比 「完美」更重要，就算推薦人說了可能是了你某些缺點也不重要，我自己也會有「雖然 Ringo 並未曾接觸過這個行業，但 xxxx」這種評價。

想要與需要

“People don't buy what they need, people buy what they want!”（人們不是買他需要的，而是買他想要的）

SEM (Search Engine Marketing 搜尋引擎行銷）公司[1]—— 主要以付費搜尋廣告（Paid Search Advertising），讓客戶的網站在搜尋結果中排名更高，從而吸引更多潛在顧客。

這個道理很多人知道，但真正要掌握，絕對需要摸索。很多人會合理化自己的非理性購買決定，記得買車時，朋友問為何不買日本車，性價比高很多。

我說：「因為歐洲車用料好一點、保養好一點 .... 」。

其實心裏覺得歐洲車附帶一層虛榮感，也就是所謂的「男人 checklist」。我會坦白承認，我買的不單單是一個交通工具，也是滿足自己的慾望。「用料好一點、保養好一點」這些說詞，也只是在合理化我的購買選項。

車的表面用途是交通工具，但實際可能是某一種成功的象徵。不論是名錶、名牌、奢侈品都是同一個原理。

一個印象很深的例子是關於減肥 (已經不記得出處了):

很多女性說減肥是為了健康、為了可以看到兒孫畢業，這看來是一個「需要」。

誠實一點吧，減肥往往被情感誘發的 ，例如：

- 知道前度出軌，被分手，要在他面前展現自己的美
- 暑假快來，比堅尼要出場了
- 中學同學 10 年後聚會，學生時期的男神會出現，你要為此打扮一番

這些才是真正的「想要」，所以在構思賣點或寫文案時，一定要從「想要」出發， 刺中心底話。

曾經看過一本書，解釋四件人們願意花錢解決的事情，分別是：

1. 性
2. 安全感 / 認可
3. 賺更多錢
4. 時間

我們在售賣產品或服務時，應該針對上述去寫文案，自己公司在寫文案時，都會循上面四個方向去想。不是每一個產品都會想到，但會盡量滿足人們底層慾望。

另一個文案方向：**客人最想最想最想最想獲得的結果是什麼？**

若你是做狗隻訓練，你賣的不是你的訓練方法、不是你的行業年資、亦不只是一條聽話的狗，而是 —— **永遠不會再令你有尷尬的情況，你可以自豪的帶著它周圍去，進入狗隻餐廳安心用餐，令你可以快樂跟你的朋友分享心得。**

我覺得問卷調查作用不大，主要因為真心話很難重自己口中說出來。相反，在討論區匿名的情況下，更容易找出某人做某些事的原因。

「List is the King」？關於收集名單和建立關係

「只要有一個客戶名單，它就是你的 ATM，只要有需要，你就可以推出一個產品，提取金錢！」

我對這個說法有點存疑，(不難聽到有十萬客戶資料，但賺不到錢的例子) 但暫時先不說原因。

收集客戶名單是行銷的基本，但有部份想多解釋一點：

"Don't give Rubbish Bait"

為了建立名單，都會用一些魚餌 (bait) 去吸引訪客留下聯絡方法。通常都是一本電子書或一份文件。

記得有一次見到一個投資買房地產 KOL 的廣告，說只要留下電郵，便會給你一本他的致富之路藍圖。先說明，他的廣告不論文案、短片質素都相當高。

但當我一收到他的藍圖後，真心說覺得是一本垃圾：有硬銷內容我可以理解， 但其餘的就好像隨便在網路上蒐集其他人內容匯集成書，30 頁內容中，只有 2 頁是相對有用，其他全是廣告。頓時，我對他的印象、他的公司留下負面的印象，沒有再繼續想了解的衝動。

你正在看的這本書也是餌，是在銷售我自己，而我希望你看到我把所知所聞用心的寫下來，沒有令你覺得浪費了時間。

一個好的餌要發揮幾個作用：

- 提高潛在顧客對於問題的重視，增加他們對問題的不滿
- 令潛在顧客知道你明白他們的問題
- 為自己或你的公司建立權威度
- 令潛在顧客更容易接納你的意見

給潛在顧客垃圾，真的會趕走他們！

舉個例子：你是一個健身教練，你可以出一本 <<6 個方法 6 週減 60 磅 >> 的電子書。

內容應該是 5 個「真的有用方法」，加 1 個「你的獨特方法」，「真的有用方法」是很重要的。

國外亦有不少方法去收集名單，除了電子書，有一些人也會用短片。

自己近來投入做 bait 的成本越來越高，最近出的 newsletter 堅持高成本製作，相信潛在顧客是感受到當中誠意的。

其他收集名單的方法：

舉行 Summit

就是舉辦網上研討會，邀請多位受歡迎或行內的專家分享知識，借用他們的名氣去吸引潛在受眾，你擔任的是舉辦者的角色。現在舉行網上研

討會容易了不少， 因為疫情也令更多人習慣在網上學習，更容易吸引到潛在客戶參與。

若你是新手，可以參考一個網上研討會舉辦人 Bailey Richert ，她提及幾個重點：

- 你可能希望邀請的全部嘉賓都是名人，但你要明白他們可是非常忙碌的人，每天也得到邀請，你真的要與別不同
- 就算名人拒絕你，也要保持禮貌
- 有時錄影可能比直播更好
- 80% 的收入一般在 Summit 開始前已經收到

舉行 Challenge

近來見過不少生酮飲食挑戰，就是一群人承諾在 30 天內進行生酮飲食，這個方法可以聚集一班相當精準的受眾，建立社群。你的角色就是協調者，或是一個跟進者。

其他例子如 30 Days Yoga Challenge, 30 Days Writer Challenge, 30 Days Runner Challenge 等。

List is not the King

回應文首，為何我對 「List is King」存疑呢？

朋友 K 畢業第一份工是在一間成人英語教學中心擔任銷售員。每天的職責是坐在電話前打 Cold Call。上司每天會分派一個買回來的名單給所有銷售的同事。一天完結，上司就會開捽數 (跑數) 大會，追問約了多少個會面、銷售有什麼進展等，捽數時有粗言穢語在所難免。

部門大概有 6 個人，由於是新人的關係，再加上朋友不是那種一眼被看出很有前途的那種人，故上司 (他稱她做女魔頭) 每天給他的都是差得

不能再差的名單。這個名單包括：

- 已說明對服務不感興趣的人
- 名字跟電話號碼是不配合的
- 主動致電投訴的人
- 永遠也不會有人聽的電話號碼

你可以想像當這些人收到另一個陌生電話的人會怎樣反應，肯定極之忿怒，輕微的可能有禮貌收線，差的可能是用粗言穢語辱罵，而朋友就算口才很好都不會有銷售。朋友捱了兩個月放棄，原因是壓力大到生蛇[1]，連睡眠也出現問題。

各位可能覺得自己沒有 Cold Call，你是在跟進客戶留下的電郵，但想一想你跟你的名單之間的關係是怎樣呢？

很多人不停用銷售訊息轟炸電郵名單，說是跟進，其實一點額外價值也沒有給客戶。若果是你，你還會打開電郵的內容嗎？

其實也不只是名單，就算社群也是同樣的運作原理。一個健康的社群，一定不會只有銷售，我深信你看到這個情況，一定會離開。

只要看看開信率便可以知道你和名單之間的關係了。對了，你名單的上人會回應你的電郵嗎？

Relationship with the list is the King

我不算是很積極經營關係的人，所以也只是一個月寄出一個、最多兩個電郵，但我的開信率以業界標準來說是挺高的。主要原因在於我很少要求讀者購買，最多也只是叫他們訂閱。

生蛇[1]——是指患者身上會出現一種令人感到痛楚而呈帶狀的紅疹，並帶有水泡。

假如你有一個新相識的朋友，你會否第一天就要他向你買東西？一定不會吧。

那你會否每幾天便向他推銷？肯定不會。

那為何你又會在你的名單做同一件事呢？

還有一件事：我很在意回應留言的。在我看來，別人用心留言，是要付出努力的，我也想盡量回應每一個回覆。

不要以為只因我們不出名，所以才要經營這種關係。根據 Taylor Swift 社群管理人 Brendan Kane 的描述，Taylor Swift 很主動參與跟粉絲的對話，她甚至在開始一出道時親自設計 Myspace 的版面，以便完全控制自己想呈現給粉絲的印象，令她與粉絲關係更親密。

但 …… 我覺得還是要提醒一點 ……

現在收集的工具大部份都是電郵，但我問同事 (90 後，00 後) 他們有沒有檢查電郵，回答很一致：

「除了老闆你的電郵及工作電郵以外，其他都不會看 !」

就像他們很少用 Facebook (就算使用也是為了看新聞)，多用 Instagram ，你很難改變他們使用習慣。就算你收集了資訊，也發揮不了功效，所以我一再強調建立族群的重要，這個會在流量部份多說一點。

你的客人是真的有錢嗎？

初中時，應該是 Sony PlayStation 推出的第一年，每個男生都想擁有一台，當時的價錢約是 2000 元。若你是在我成長的那個年代，由超級任天堂遊戲機跳到 Sony PlayStation 是一個幾何級跳躍的遊戲體驗，不論是畫面、遊戲流暢度都是另一個層次。

我很渴望得到這部遊戲機，每次經過遊戲機店舖，都會走進去詢問價錢，及不停詢問詳情，但也只是永遠停留在階段，連店東都已經認得自己。

當時，自己肯定負擔不了，而作購買決定的一定是父母。想當然耳，正常父母又怎會買影響學業的遊戲機呢？所以，不用問也知結果......

說到尾，行銷的最終目標就是賣出東西。而你的行銷對象是否有錢，對你的業務發展絕對有影響力。

台灣的于為暢提出一個理論叫「讀者含金量」，意即你的讀者是否有錢可花：

「…乞丐看戲不打賞，你演出的再精采也沒用。若看你的人都是「窮人」沒錢可花，或是沒有消費決定權的「小屁孩」，那你即使廣告做的再好，業績就是起不來 ...」

自己在發展事業之初，網誌的內容大多圍繞創業新手可以用的免費行銷方式為主軸，內容水平不錯，亦有不少支持者。當中會推薦一些聯盟行銷產品，希望可以賺到不錯的佣金。

現實是銷情慘淡 —— 不是說有流量就有錢流入嗎？

歸根究底是我搞錯了目標客群，他們走進我的網誌就是想找免費資源，很多可能是像我一樣資源緊拙的初創業家，可能連一間實體公司也沒有；可能只是學生，口袋裏根本沒有錢可花，但有的是時間，所以他們會自學，到我那裏也只有學習這個目的。

為此，我回想起當初其中一個找服務的人 —— 以及他們的特質：他們是 6 - 10 人公司，有行銷預算，對 SEO 有基本了解，也曾經光顧同行，但自己公司沒有資源去學習及執行。

於是，我開始調整了整個內容方向，寫中小企可能遇到的 SEO 難關，自此有了另一批讀者，開始走上了現在的路。

至近來，我寫的內容是做大型 SEO 專案時的協作問題，吸納了另一班讀者 —— 公司有多個部門，每個行銷動作都會涉及不同層級的行銷人員。所以各位做內容時，不妨留意你做的內容是否在吸引含金量較高的讀者，

引用于為暢的話：

「……同樣是寫旅遊，A 的主題是「如何窮遊」，B 的主題是「遊輪旅遊」，A 的代表作是「教你省錢玩日本」，B 的代表作是「五星級遊輪去歐洲」，你覺得哪個讀者含金量比較高？當然是 B。

寫「街邊小吃」< 「米其林攻略」；「上班族健身」<「高爾夫玩家」；「維修 DIY」<「全新品開箱」，同樣的領域下，你要盡可能寫「付出成本」比較貴的主題，久而久之自會聚集比較有錢的讀者 ……」

提醒大家一點，客戶輪廓並不一定適合所有行業，特別是個人成長、學習類行業。每次到不同的行銷會議或成長課程，總會發現坐在身邊會很多年紀比我大很多的參與者，也有在讀書的學生。若你屬此類行業，不妨觀察多一點對手的廣告，或參加不同的展覽，可能會對目標受眾會有更好的理解。

若你是服務類型行業，又或像我這種做 B2B 業務的，除了客戶要有錢外，客戶是否把你的服務視為核心策略，對你生意穩定度很重要。

廣告大師 David Ogilvy：「對於將廣告視為行銷活動中的枝微末節的客戶，我可是敬謝不敏。他們有一種尷尬的行事作風，那就是如果別的地方要錢，就會挪用廣告預算。相反的，我比較喜歡把廣告視為重要營運環節的客戶。這樣一來，我們就是在客戶的核心骨幹中運作，而不是無關重要。」

他們越重視你，會越投入，更難離開你，這樣才真的長做長有。

分清啦啦隊與真實買家

我曾經經營一間售賣韓國家品的網店。未入貨前，我曾經把將會入貨的產品給朋友看，他們都覺得產品吸引、有趣、漂亮。在沒有多加考慮下，花了 20 多萬入貨，建立了網店、租了貨倉，然後便開始我的電商之路了。

為了令客人更滿意，特意設計了很多令客人回購的策略，例如回購優惠、介紹朋友優惠等。

我把網店放在自己的專頁、也有傳給那些曾經給予產品正面回應的朋友，叫同事好好預備出貨，自己也有打算加入送貨行列。

結果呢？

7 月 24 日，出貨的同事坐了一天，處理兩張訂單，其中一張還是由我自己測試網購流程而來（我有一刻懷疑系統出了問題，或是我發佈了錯的網址）。

好像有點東西搞錯了 .....

創業之初，如果你人緣不太差的話，身邊總會有朋友對你的行動表示支持。

好了，當你真的開始銷售產品時，卻發現他們不會購買。

我叫他們做啦啦隊。他們是好人，是支持你的，會替你的事業提出很多提議，會叫你嘗試做什麼、不要做什麼，但他們說了一大堆東西後，你會發覺他們不會付錢購買。

如果你打算用時間及金錢去打造一款解決受眾問題的產品，請確定會有人買單才開始。很多人可能就是聽了朋友說「有得搞」（有潛在市場）就開展了事業。

商業上，人是用金錢來表達實質支持的 ，不是單靠一兩句支持的說話。

你真的算對了嗎？The Only Things that Counts!

Like、share、排名、觸及率、銷售數字、轉化率 ...

以上是比較普遍的行銷指標，但你有想過對你生意來說，什麼指標才

是最重要呢？

曾經 Facebook 專頁的 「Like」是必跑的指標，說來慚愧，我都曾追求 Like 數字 —— 追到去買 Like。

但當你發現花了相當資源後，專頁數字上比較好看，但是生意一點增長也沒有，你會開始懷疑自己所追的指標是否有問題。(Like 的數量多的確較好看，但不等於會有好生意，除非你生意的叫價能力就是用這些 Like 做指標 (例如你是網紅)) 。

說到尾，公司或收入成長取決於你是否有轉化、有銷售。

那「排名」重要嗎？

自己做 SEO，當然希望公司所有相關的的關鍵字都有好位置，也的確曾經在排名上有過相當不錯的成績。我以為生意會爆升，但三個月後也不見生意有明顯提升，因為流量只是整個轉化的一部份。

時昌迷你倉的老闆曾經對我說：「**有排名又怎樣？不能轉化，做多少也是白費心思**」。

作為 SEO 人當然想反駁，但他是正確的 ——「排名」只是一個「有可能相關的」指標，後續的銷售流程才是轉化的關鍵。

最近一個朋友被 VC (Venture Capital 創投) 入股，這些所謂成長的指標是 VC 一定會看的。當我聽到 VC 的目標是 900% ROAS (回報率) 後，有一刻以為我聽錯了。

那麼一定是「銷售數字」才是最重要的指標吧？

銷售數字很容易造假，更可能令你輸錢。曾經聽過一間電商，員工為了達到目標，便叫朋友、家人買產品，然後一個月後退貨；也聽過為了達成銷售，可以出售一些本身沒有庫存的產品，然後強迫客戶等待或轉換另一個品牌的同類產品，可以說為了銷售而不擇手段。

銷售數字是最終目標，但同一時間要用更多維度觀看數字的變化！

很難一概而論用什麼指標去衡量最為有效，很可能你要追蹤不同指標一段時間，才能找出最理想的組合。這裡想指出的，是要盡快找出對生意至關重要的數字及指標，然後跟蹤數字的變化。當你習慣了觀察數字，判斷會比較有依據。

直效行銷八個重要概念

1. 計數、計錢

以前閱讀報紙體育版，除了每天必看的籃球新聞外，其中一個每天查看的就是排行榜：球隊在東西岸的排名，球員的每項統計排名 —— 得分、籃板、助攻、偷球等等。透過數字會較易掌握哪個球員比較好，哪個在進步或退步。

「明明我賣出了很多貨品，為何每月支付了租金後，都好像賺不了多少？」剛開設了網店的朋友 C 苦惱地問我。

你知不知道每個客人的價值大概是多少？

你知不知道得到每個客人的成本是多少？

我發現這個很簡單的概念到了現在還不是太普及，就算很多同行已經強調過很多次 —— 行銷其中一部份是「有數得計」(可以計算）的遊戲，你越清楚數字，你就越有機會贏。

我經常問客人：「你的廣告預算是多少？」

他們經常都是隨心說一個數字，但當我再探問，得到的答覆可能是：「因為上季度是這樣！」

我知這個說法有點誇張：若你知道每花一元，你可以有五元回報，正

常的人都會用盡全力投入吧？就算叫家人抵押房子借貸，也要把錢借到吧？

那你怎可能有一個「一定」預算呢？ 你不會因為鞋子是 9 號，而不允許腳掌長大的，那麼為何行銷預算應該是有限制的？

2. 追蹤數字

關於直效行銷，追蹤數字是日常，但不是每個人都喜歡追蹤數字，我也會承認自己也不太擅長追蹤數字。但若你要改善生意，這絕對是不能避免的惡。

網店沒有銷售，很多人會覺得是因為人流不足。但根據自己經驗，沒有盈利的原因真的很多，可能是產品一點優勢也沒有、可能是網站真的太陳舊、也可能是產品照片太醜，或你的產品根本沒有市場。

以下是 6 個可以留意指標，我的桌面上也有一張貼紙，提醒自己每星期要關注的部份：(因為本業是 B2B，所以只需要每星期檢查；若是 B2C 的話，每天檢查也不為過。)

- 潛在顧客數量
- 轉換率
- 平均單價
- 平均單次銷售數量 / 總額
- 客戶終身價值 (Customer lifetime value)
- 毛利

你可能要留意一下哪一個數字對你生意最為重要，我較注重「潛在顧客數量」及 「轉換率」這兩個指標。

3. 潛在顧客數量

我們要加快找出潛在顧客，可以從他們的行為去判斷：例如他們會比一般客人對於你的服務詢問得更仔細、更具體。

不是所有客人都是平等 —— 不論是實體店或是網店。

你最好能快速分辨出哪些是真的具有潛力，也有消費力的客戶。在我的行業，因為每一個客人查詢時都需要填寫一份問卷，所以我們比較容易掌握他們是否潛在顧客。從查詢者的網站已經大約估計到他們的規模、SEO 水平。

你有過濾或篩選潛在客戶的方法嗎？

很多車廠在查詢的表格上都會問：「現時駕駛什麼廠牌的車？」「你的車子的年份是？」，無疑就是先作了過濾，把更多注意力放在潛力較大的客戶。

4. 轉換率

在客戶正式拿出信用卡前，你一元盈利也沒有 —— 我們需要真正的轉換。

在網站上，你可以使用追蹤工具去分析客戶的購買行為。曾經有一個案例：發現有很多訪客到了結帳頁面上，但總是跳出，並沒有付款，想來想去也找不到原因。

我們起初估計是產品價格問題（但其實跟競爭者同一價錢），又以為是結帳頁面速度特別慢（但技術人員又說速度良好）。於是利用 Hotjar 及 Heatmap 等工具攝錄客戶在網頁上的行為，結果發現很多潛在顧客打算到門店自取，但因為沒有提供自取地址，令他們要跳去網站另一頁面再找這些資料，影響了轉換率。

提升轉換率是一個持續的測試過程，很多時候是整個網站不同元素的

整合。你可以想像自己走進一間商店，裝潢是否令你感覺有規模？店員的知識如何？服務態度如何？商店會否只收現金？會否不設退貨？這些都會影響轉換率。

根據自己的經驗，轉化的障礙通常都是沒有解釋清楚提供的價值，客人在付費的一刻都不太知道自己為什麼要付費。比較常見的是在付費頁面中，網站沒有列出所有購買貨品，只單單列出總價，這的確會影響轉化。

你要想辦法令消費者對你或你的公司更有信心，潛在顧客總是會對熟悉的公司比較安心。可行的方式是增加溝通機會、增強品牌力度、提供更多客戶見證、更快的支援。

關於轉換率，可以參考後面的《加速轉化 —— 提高 Urgency 的技巧》。

5. 平均單價

簡單就是每張訂單的平均價值，正常說應該是越高越好。若產品跟對手很相似，這個項目未必有很大的改善空間。

當然，一些技巧可以令產品單價提高 —— 更精美的包裝、更好的故事、更多的認證、更多的產品組合：

精美包裝 —— 包裝本身就是令感知價值提高的手段（高級一點的包裝紙、硬一點的包裝盒）

權威認證 —— 權威機構的認可 (xx 機構也在用的、通過日本 xx 測試、ISO 測試)

產品組合 —— 如不同味道的精油可以帶出不同的效果

個人化 —— 客人的名字、或個人化特別字句

6. 平均單次銷售數量 / 總額

簡單來說，就是要令客人每一次都買更多，即是追加銷售 (Upsells)，就是你經常看到的 「只要多加 xxx 元，就可以得到 YYY。」

現在很多網店系統 (Shopify, Shopline) 已經內建這些功能，記緊要設定。

若無合適的商品，不妨參考一下 Amazon，他們的 “people also added” 其實已經告訴你買 A 產品的人，也同時會買 B 產品，你便有機會提高每張單的銷售數字了。

再延伸一下，很多賣實體商品的可以考慮加入服務；賣服務的可以加入商品。例如做生髮服務的，很多時都會加入在家護理產品。賣瑜伽產品，可以加入瑜伽課程。

若你不知道附加銷售賣些什麼，可以思考以下問題：「我如何解決客人下一個問題？」

寵物市場就是一個很好的例子：當你有了新寵物，就要為它建立一個新的家，有了吃的 、又要替它清潔 、給它買玩具等等 ...
你的產品 / 服務，會否先提前替客人多想一步呢？

引用 Russell Brunson 的話：

「策略性地思考你的客戶旅程 - 也就是你的銷售漏斗 ——這將幫助你從每個進到你世界的人身上賺到更多的錢。讓你能夠花更多的說來獲得客戶 ——正好我的導師 Dan Kennedy 所說的：「誰可以花最多的錢來獲得客戶，誰就是贏家。」

7. 人均交易筆數

從沒有掏錢的人的口袋中拿錢是很難的。事實上要求現有客人再購物，比起開發新客人容易得多，只要你提供的產品合情合理。

名句：“A buyer is a buyer is a buyer.”

幾年下來，朋友的網店生意由劏房，變成今天自設一萬呎貨倉，自設門市，及到日本開分公司幫助自己進貨，其中倚靠的是忠實客人不斷回購。

我曾經看過她的一些紀錄，每個客人平均會消費 4.3 次，最高的一個總消費數達 31 次。可以想一想這些重複交易對她利潤的重要性。

你可以想一想如何提高客人重複購買的意慾嗎？

朋友聰明的地方在於設立「地位」制度。「地位」所指的就是她會為客人分等級 —— 普通顧客、VIP、VVIP

她會為客人提供不同的優惠，也會為 VVIP 提供獨家的產品。而這種獨家性會鼓勵那些未成為 VVIP 的人更努力消費。

當然，還有很多方法提高客人重購的方法。以下是一部份：

- 重購優惠
- 重購贈品

另一位開寵物店的客戶說，他們會在顧客第一次消費時，記下他們每一隻寵物的出生日期，寵物的名字等，當生日月份一到，全單 7 折。

你可能說，這很普通呀，很多公司也會這樣做！

竅門就在這裡：他會叫店員主動「提示」顧客填寫下一個月為出生日期，即今天是 5 月，會叫客人填 6 月某一日（但寵物實際可能是 1 月出世）。

他說這個「提示」令顧客一個月重回店舖的機會率多了 30 - 40%，小小的「提示」，卻加快了重購的過程，更重要的是藉此培養了顧客在這店的購買習慣。有點意外的是，這些寵物主人又會教朋友這個「竅門」，令寵物主人感覺良好，生意上升了不少。

8. 毛利

雖然每個行業的數字或略有不同，但總體指標其實相去不遠。

毛利簡單而言就是營業額扣除成本後的收入，毛利當然越高越好。

剛開始創業時，我收客人的錢是成本的 2 倍，不高，因為自己沒有名氣，技術也只是一般。

隨著經驗開始多，及開始努力經營品牌後，我把價格提高了，毛利已經是成本的幾倍有多。

提高毛利很多時都在「感知價值」方向著手，「流程」、「你的秘技 / 秘方」、「提高你的知名度 / 名氣」、「找名人背書」等等都是一系列提高毛利的方法。

「流程」

舉個例子，你在賣一樽蒸餾水，可能每一間蒸餾水公司的製作方法都大同小異。

但你可以令用戶知道你的製作過程，描述得越詳細越好，令買家感受到你們比其他水公司認真，以下是一個誇張的展示：

例如找一個考古團隊，用 30 年時間深入中國每一個有水的地方，然後每一處都進行 300 個測試過程，再找歐洲最頂尖的科學家，測試了 7 個蒸餾方法，然後才提煉出這枝蒸餾水。

「你的秘技 / 秘方」

記得小時候吃過某一檔街邊小販，他的魚蛋比起附近店舖還要貴，但每次去都要排隊才能買到。重點不是魚蛋 —— 跟朋友每次去都會要求「多醬」，就是多咖喱醬，只要你一吃過，你就知這個咖喱醬不是現成買回來，而是店主自己「溝」(調配)出來。

我曾經問過老闆為何這麼美味，他只是笑了一笑，然後無視我。

你的產品或服務會否有些東西是人無你有呢？雖然現在產品同質性偏高，但也不妨想一想什麼是你「額外」加上去，而別人難以做到呢？

「提高你的品牌知名度 / 名氣」

品牌是一個很大的題目，不作詳述。雖然說了好像沒說，但其實就是有多少人認識你的品牌呢？

「找名人背書」

所謂的名人不一定是名星，KOL，可以是在你行業裏比較多人認識的專家，或在社交媒體中投入度比較高的參與者。

若你的行業有一些社交群組，總會發現有些人本身不算是名人，但他的發佈及回應都會有不少反應及分享，你會否可以主動跟他們聯絡呢？

先選擇一項優化

最理想的情況當然是優化每一個細項，但有些行業如售賣大眾商品的，很難調節平均單價，因為市場會有透明的價格給消費者比較，那不妨先從自己能最容易入手的指標進行優化。

例如，想一想如何更有效提高潛在顧客數量。

我跟客戶研究或分析時，很少會一次提出所有可能有問題的地方，而是逐個部份修改。

至於，如何改善每一項元素呢？

快速測試，快速修正是整套策略的關鍵。

但會否越改越差的可能呢？ 會的，但這是必然的過程！這是因為測試本身就是嘗試未知的事，若一早已經知道哪個一定會帶來正回報，相信你已經做了這個優化了。

推薦一本 Pete Williams 的書《夢想可以當飯吃》，雖然提及的是一間單車店如何起死回生，但你可以更了解每個要改善的因素。

關於測試，我也犯過不少錯誤，舉電郵行銷為例，其中最大的錯誤是一開始測試多個變數，例如同一時間改標題、改價格、改文案，以致就算成績變好了，我也根本不知道究竟是哪一個變數因為優化而變好。

另一種錯誤則是在測試時選了很多細節去測試。再以電郵行銷為例，可能我會嘗試改變每個按鈕的大小、每個按鈕的顏色、文字是否有加底線比較好 ... 但其實先後次序應該是先改變影響比較大的元素，如標題、價錢、排版等。

現實上測試是不會完的，但總會達到某一個所謂的甜蜜點，然後你的每一個更改都不再帶來明顯的改變，那個時候便應該停了。

A/B Test

我們售賣產品或服務時，就算訂價一樣，表達出來的方式不一樣，轉化率都可以差天共地。

我也是從 Russell Brunson 受到啟發，他出售 ClickFunnels 服務[1]時做了以下測試：

第一個方式：

“Purchase 12 months of ClickFunnels for 997…And get the “Funnel Hacks Masterclass” for FREE”（購買價值 997 美元的 12 個月 ClickFunnels 服務，免費獲得《漏斗黑客大師班》）

第二個方式：

“Purchase The “Funnel Builder Secrets” Masterclass for 997……and get 12 months of ClickFunnels for FREE”（購買價值 997 美元的《漏斗黑客大師班》……並免費獲得 12 個月的 ClickFunnels 服務）

你覺得哪個會賣得比較好呢？

第一個方案是使用 ClickFunnels 服務送行銷漏斗課程，第二個方案是買課程送 12 個月 ClickFunnels 服務，兩個方案內容一模一樣，但在潛在顧客的腦中價值卻不一樣。

ClickFunnels[1] —— 是一個線上銷售漏斗建立平台，它可以幫助企業擁有者、創業家和市場營銷人員快速輕鬆地創建引導頁面、銷售頁面和整個銷售漏斗。這個工具專為讓用戶在無需編程技能的情況下創建高轉換率的銷售過程而設計。

結果是，根據 Russell Brunson 資料，後者的轉化率大得多，由 10% 升至 15%。千萬不要少看多 5% 的轉化率 —— 若以他 997 美元的價錢來算，以 100 個潛在顧客來說，實際收入是多了 5000 美元。

在潛在顧客的眼中，第二個方案的價值明顯比較第一個高。

不少人都聽過 A/B 測試，例如測試兩張圖片，哪一張對廣告的點擊率有幫助；又或是一個長電郵，一個短電郵，哪個成效較高。

曾經有一個客人對 A/B 測試到了一個執迷程度，幾乎一個電郵內所有可改變的部份都做測試：標題內容、標題長度、按鈕的大小、顏色、是否有反光效果、文字內容、圖片內容（狗、小朋友）他都做會做測試，可能是因為他看過不少行銷書本，提及這種測試方式。

很多時候他的實驗都沒有太明顯的勝利者，只有 0.1-1% 的差別，他的哲學是：只要這些細微的優化加總，就會帶來很大的差異。

理論的確是這樣，但這些加總有影響力一定要建基於有規模的基數才有效果。若你訂閱名單內只有 100 個電郵，這個 1% 可能只是多了一個人打開電郵，問題是同事需要花費相當多的時間去調整及測試，忽略了其他影響力更大的行銷活動。

像上面的情況，一定是先把目標放在增加訂閱，而不是優化開信率。

行銷是整體性的，由產品設計那刻已經要考慮，你可以想的方向很多，不妨問一問同事或客人哪個部份他們覺得最需要改善，相比起依據書本進行測試，他們更有可能提出對行銷影響更大的意見。

作為沒有大預算的行銷人，我覺得「有膽識 」是一個關鍵，採取業界比較少用的方法，能令你的產品更容易被人記住。

非常重要的

文字 價值

行銷技巧

Chapter 03

行銷技巧

定位 (It is all about POSITIONING)

讀者可能知道我曾經協助營運香港摩天輪，客戶是荷蘭人，記得有一天在籌備旁邊的餐車時，荷蘭人在想飲品的定價。

飲品其實只是一般便利店可以買到的汽水及樽裝水。

若是在主題樂園，顧客被困在一個地方，所有吃的喝的，定價比起主題樂園外高也可理解。但摩天輪附近又有便利店、又有路邊小販，一支可樂真的可以賣 30 元？

原來是可以的，也真的有人買，

想像一下，你跟女神到摩天輪玩，女神想喝飲料，你會和她說：「你等一下，外面的便利店比較便宜！」

然後你跑到便利店，一頭亂髮、滿身汗味地跑回來，還是你會扮作若無其事 (雖然暗地裏為了高價心痛) 到餐車前說：「麻煩你給我一支可樂?」

相信，各位應該知道如何選擇吧？

你有否聽過辣椒膏？

記得讀書時，曾參加過一個傳銷的招商會，當然就是一班不知名，但聲稱自己是多少鑽石等級的「成功人士」分享自己的成功秘訣，又吹噓自己月入幾十萬 ......

當時成功的標誌沒有 《Tinder 詐騙王》的私人飛機、名車，大部份都手持一個名牌手袋，帶著我分不清真假的 Rolex。

45 分鐘後，他們看到我沒有什麼反應，其中兩人就帶我進去一個房間，跟我分享他的生意經驗。似乎是比較成功的那位，從抽屜拿出一瓶東西，問我：「你知道這是什麼？」

我：「不知道」

他：「它是現在最熱賣的減肥產品！女生們都搶著買！」

他：「你知道它的成本是多少？」

他：「成本三元，在美容院很暢銷，你加入我的團隊，我們可以開拓學生市場，很多年紀和你一樣的人都賺了很多錢 ......」

我承認是有一點心動的，我最後有否加入呢？先賣一下關子 ...

放在街市它是辣椒膏，可以賣三元；

放在美容院，它是減肥用品，可以賣 98 元。

同一個產品、不同的定位，目標顧客完全不同，價值也不同。

我學了很久的一課就是定位 (positioning)，這不僅影響了你在市場中的位置，也影響了誰是你的競爭對手。

不少朋友都問我，其實 ClickFunnels 跟一般網站有什麼分別？

說實話，第一天接觸 ClickFunnels，我覺得從功能上、從操作上，用 WordPress 也可以做到接近一模一樣的功能，坊間亦有其他軟體可以做到相同的結果，但為何 ClickFunnels 越來越紅呢？

直至一天，一位女士到我公司問我：你懂得用 ClickFunnels 嗎？

我：我知道，我自己也有在用 ......

女士：那太好了，我想你幫我搭建一個 funnel。

我：其實你可以用 WordPress 去建立整個銷售漏斗，不一定用 ClickFunnels….(下刪 1000 字)

女士：那不同，我要的是銷售，不是一個產品目錄，只有 ClickFunnels 可以做到。

ClickFunnels 的定位或對手不是 WordPress 等網站軟體，而是一個全新品項。跟客戶辯論是自找麻煩，事實上她要的功能就算是 WordPress 都可以做到，我也要順她的意。

市場上有兩群人，一群人有時間、有心、有能力學習使用工具，但大部份商業客戶會覺得時間應該花在對盈利更有影響力的地方。

WordPress 可以用來建立網店、也可以用來建立銷售漏斗。但 ClickFunnels 在不少人腦中**等同於銷售漏斗**，有句英文諺語說，英文有句說話 —— “They own it”。

我想在 sales funnel 這個品類，它已經是市場上主要的龍頭之一。

定位的重要原因在於它會影響你的行銷策略，例如選擇使用哪種媒體進行行銷，以及與潛在客戶對話時使用何種語氣等。因此，盡早確定最佳定位將使行銷目標更加精確。

我覺得最厲害的一個定位應該是行銷大師 Dan Kennedy，無論你是世界 100 強公司的 CEO 還是明星，如果你要找他幫忙，就一定要親自上門到他的家討論。

Dr. David Phelps 本來是一個牙醫，有一間盈利不俗的牙科中心，同時投資房地產，最後租金收入令他可以賣掉自己的牙醫事務所。而他最賺錢的業務就是教導其他牙醫如何達到相同的成果。

但其實他所教的只是一般房地產投資的知識，而經過包裝，就變成了專門教授牙醫投資房地產的專家，客戶鎖定在專業人士、有 50 萬美元閒置資金的人士。

在你購買每一個產品時，你心目中會對這件產品設有一個底價，或最貴是多少。

而在客戶心目中，如何為之合理價格呢？

一句很真實的廢話：只有他們自己才知道。

盡早找到最佳定位，會令行銷目標更準確。它會影響你用什麼媒體行銷、用什麼語氣跟你的潛在客戶對話，當然也影響你的獲利。

最差的定位 ——「我們價格最便宜」

因為一定有比你賣得更便宜的競爭者，除非你能控制整個供應鏈、又可以量產，但大部份人應該難以達到這個層次。而且價格低不等於容易行銷；相反，你的行銷力度要更大，才有可能得到相同的獲利。

說回故事，我最後沒有加入直銷公司，因為入場門檻太高，好像是三萬元，對於當時還是學生的我也是天文數字！

對的受眾 (Persona Marketing)

One Message to ALL —— 就是用同一個行銷角度，推銷產品給所有人，這個錯誤我一開始犯了，到現在經常還是不自覺犯了，所以我要不停提醒自己。

總括兩句：先有受眾輪廓，再製作行銷信息

剛開始做聯盟行銷時，完全沒有分眾概念，以為所有行銷都會像 Nike 的一句「Just do it」。

當時做的聯盟行銷是一個約會網站 （正經，不約炮），目標專為失婚人士找伴侶。我起初打算只在廣告設定 「離婚」 便可，然後用年齡加入分類。但花了相當高昂的廣告費，也沒有人登記。

結果，一分佣金也賺不到，於是找當時的聯盟行銷經理請教，他教我的到今天都記得：「 你的廣告太過單調，過於籠統，你應該 “ in their own shoe” (想像自己在他們的處境中)」

他說這個產品其他人賣得相當不俗，不是產品問題，是我推銷手法的問題。

他跟我分析了我的廣告，並教曉了我深入了解每一個目標客群要求的重要性：

- 失婚可以有很多原因：對方出軌、伴侶離世、自己發現對象跟自己理想的不同，而和平分手。
- 找尋另一半的原因也有很多：想找靈魂伴侶、寂寞、生理需要、想提供一個健全的家給小朋友
- 找尋另一半的條件亦相當不同：收入、職業、年紀等等 ...

而我的廣告提及找尋靈魂伴侶及鎖定年齡層，針對性非常低。

結果最後我構想了 12 個虛擬人物，每個有不同需要、不同背景，然後根據這些資訊來撰寫廣告。是很麻煩，但廣告的轉化率提高了超過 400%。

當我行銷自己的公司時，我也想只設計一個廣告，但會發覺行銷訊息含糊不清，令非常多查詢的人都以為我是教授課程。

經過多番測試，我擬定了一個理想中的客人 ：

Nicole，是一間公司的內部行銷人員，公司規模 70 人， 知道 SEO 的重要性，但公司沒有相關人材、自己也沒有時間主理。已經找過其他 SEO 公司，但合作得不太理想。發現廣告費越來越高，想制定一個長遠的行銷策略，同時兼顧自然搜尋及廣告投放。

現在 90% 的客人有曾經接觸過其他 SEO 公司，大部份接頭人都是女士，也是比較有耐性的一群。

我在 IG 的對象是明顯的不同，是這樣的一個人設：

他叫 Cyrus，一個剛大學畢業 2-3 年的年青人，有拍拖，正在做一份自己不太喜歡的工作，每天工作也不算太有動力，月薪大約港幣 14,000 - 16,000，總覺得生活不應只是這樣。他有點創業的衝動，但不知如何開始，身邊也沒有太多朋友可以傾訴，他唯有自己在網路找資料去學習。對個人成長、創業、行銷有相當興趣，每天也會瀏覽連登[1]、觀看 Netflix。

<< 飯氣攻心 >> 導演陳詠燊分享林明禎 Ah Meow 的「人物小傳」，有一個很詳細的人物輪廓，一個 4000 字的描述 —— 由出生，到媽媽如何撫養她，再到青春期心理描述：

「她的『可愛』，不是為了討讚美，而是為了生存。」接著描述她在成長過程中的心理變化、她如何看待爸爸、及如何展開自己對「美」的追求 ...... 如何建構自己的網紅視野等 ......

你會看到導演描述在不同階段她的難處，若你可以想像到如此細緻，相信一定可以更精準找到客戶的痛點，以下是由知名 Podcaster John Lee Dumas 提出的問題，幫助你建立理想顧客的輪廓[2]：

1. 他的年齡？
2. 是男的還是女的？
3. 結婚了嗎？
4. 有工作嗎？如果有，是什麼樣的工作？
5. 他們通勤時間如何呢？還是在家工作？
6. 他們喜歡自己的工作嗎？
7. 他們熱愛什麼呢？
8. 他們的興趣是什麼呢？
9. 他們在空閒時會做什麼呢？
10. 他們不喜歡什麼？
11. 這些年來他們有什麼技能？
12. 他們能為世界帶來什麼價值？
13. 他們的人生目標、抱負、希望和夢想是什麼呢？
14. 他們心中完美的一天是什麼樣的？
15. 他們消費什麼類型的內容？
16. 他們心中最大的掙扎是什麼呢？
17. 他們正在尋找的解決方案是什麼呢？

其實不僅是文案，就是在現實環境也是應該這樣說服人 —— 每個人的關注點不同，你需要為每一個人建立一套說詞，即所謂見人講人話。

Taylor Swift 的媒體操盤手 Brendan Kane 是怎樣接到她的工作呢？

原來他在接洽 Taylor Swift 前，Brendan 先跟她的唱片公司開會，然後又跟她的父母開會，最後才到 Taylor。據他說，他是逐一說服每一個，因為每個人關注點有很大差異：唱片公司關心她的形象、父母關心的是商業關係，她自己則著重與粉絲互動的自由度。

最後，不要忘記那些你絕對不想服務的客戶群。

曾經天真的以為，只要用心、服務好，客人就一定會體諒你。但經營公司一段時間後，遇見的客人也真的有好有壞（最少對我來說）。

可能他們曾經受騙，以致對人失去信心。壞的客人真的會令你非常頭痛，註定會令你疲於奔命和掉頭髮。花在解釋或照顧感受的時間，比實質工作還要多。更糟的是，他們最後都會表示我的服務不理想。

為了保護所餘無幾的頭髮，我定義了好幾類一定不會服務的客人：

1. 完全不懂 SEO 原理的客人
2. 生死攸關的客人
3. 一開始已經對供應商粗聲粗氣的人
4. 只問價錢、不問細節的客人
5. 24 小時不睡覺的客人
6. 毫無原因要證明自己比你優越的人

可能一開始你不會知道哪類客人你不想接，不妨留意一下有哪些客人曾經令你失眠、令你生氣，你大概已經知道自己不太想應付他們。

連登 [1]—— 香港網路討論區

[2] 出自 John Lee Dumas《普通人的財富自由之道》一書

用他們的話語

開始創業時參加過商會，而因為會友的邀請，舉辦了一兩次分享會。

為顯得專業，花了接近 2 星期的時間作準備，整理演講稿及進行預演。(我想現在也不會花這麼多心思呢 !) 穿上了很久沒有穿過的西裝，然後戰戰兢兢開始分享。

人數約 20 人，應該大部份都是老闆或自僱人士，在晚上 7 點開始，我用了自己能做到最生動手法去演繹：

「SEO 其實要設定不同的 Meta Value，令 Google 知道網站代表些什麼！ Google 會用 crawler 到你的網站遊走 ……. 另外，backlink 上的 anchor text 也是一個重要指標 ……. 當然，你可以利用 JavaScript 去調整，然後 …….」

10 分鐘後發覺有點不妥 —— 聽眾開始滑手機，打呵欠，有禮貌一點的則開始眼睛放空。

當刻，我是相當納悶，並想從講台衝下去，揪起他們的衣領說：

「你們不是說想有多一點流量嗎？我現在就解答你們！這些分享對你們的生意絕對有用！我明白已經是晚上 7 點，但你們就是不能專注一點嗎？我準備了這麼多時間，你們可以多給點耐性嗎？」

當然，我沒有這樣做 ……

講座完結後，主持人跟我說聽眾反應不錯 (是真心嗎 ?)，而我肯定是客套話，這是一個不堪的回憶。

前幾天我重看當時的演講素材，我笑了！

我犯了一個相當大的錯誤：

我的演講素材充滿了 SEO 術語 —— backlink,crawler, anchor text, meta tag, meta title, alt tag…..

觀眾關注的是業績、銷售數字、時間等，對於一個從沒有接觸 SEO 的人，我說的全都是外星話語。在一個行業待久了，很容易把自己已經內化的知識當作一般知識，而假設受眾跟你一樣熟悉這些詞匯。

在此，真的要跟那時的聽眾說聲多謝，因為我真的浪費了他們的時間。

最近跟一個賣心理諮詢服務的公司傾談，他們的宗旨是：「提高認知，令客戶可以有更澄明的心境」。

我心裏立即充滿疑問 —— 什麼是「提高認知？」、「澄明的心境？」

可能內行人會明白你的用詞用字，但假若你要向大眾推廣你的服務，你要用他們懂得的語言溝通。這是很基本的行銷概念，但很多人都會迷失在其中。

情形就好像你跟一位新朋友剛剛認識，但他不斷和你說一些高階數學，叫你欣賞微積分的美，但你是讀文科出身的。

所以我現時會盡量說得簡單易明，連一個小學生都會明白，同時我學會了更重要的事 —— 令他們快樂。

經過多番試驗，會面較愉快的話，成交的機會大很多。

但是否一定不能用術語呢？

用術語是可以的，但要看時機，若需要建立權威形象，術語是有機會能幫忙的。你應該要先觀察對象及環境，調整內容深度。

電影《My Cousin Vinny》有一幕[1]是 Lane Smith 飾演的檢察官，正在質問由 Marisa Tomei 飾演的證人，她的身份是辯方的汽車技術專家證人。

Marisa 的打扮是當時所謂的「潮」樣：濃妝艷抹、大波浪髮型、緊身衫的年輕女子，跟你想像一般的「專家」形象相去甚遠。

檢察官想把 Marisa 踢出專家證人之列，於是用質疑的口吻問：「你可以告訴我嗎？安裝 327 立方英寸的引擎和四桶化油器、1955 年出廠的雪佛蘭汽車，正確的點火正時是什麼？」

「這沒法回答 ...... 沒有人能回答那個問題！」她說

於是檢查官暗笑並建議：「我建議取消她的專家證人資格。」

法官也似乎同意，事實上庭內其他人也覺得這個女子怎可能是專家？(除了辯方律師)

Marisa 當場說了一段台詞，事後亦成為電影史上最經典的台詞之一。她在 15 秒內，確立了她是汽車機械知識的絕對權威，同時徹底改變了在場每個人對她的看法，就連盤問的檢查官也啞口無言，大為改觀。

究竟她說了什麼呢？

「這是個陷阱問題」她說：

「因為雪佛蘭車廠在 1955 年還沒有做出 327。327 是到 1962 年才問市，而且到 1964 年，才開始配搭四桶化油器。不過，1964 年車款的正確點火正時是上止點 4 度。」

她說完，法庭靜過太空。

「Um……我接受她當證人，法官大人」

絕對的專業知識或行內用語在建立權威形象時具有絕對的助力，其實就好像電影《 食神 》中，堅記椒鹽瀨尿蝦老闆聽完史提芬周解釋上市計劃的感覺一樣：

「明就唔係好明，不過聽落就好有計呀！」(不太明白，但聽起來很有計謀！)

關於建立有利交易的對等關係，推薦看 Oren Klaff 的 《Flip the script 》，這是近來看過跟交易有關最精采的書之一，特別是如果你是 B2B 公司或在募資的話。

[1] 電影片段 —— https://www.youtube.com/watch?v=3nGQLQF1b6I

你究竟想顧客做什麼？

記住 —— 每一次行銷、每一個廣告只有一個目標。

曾經有一個做美容院的客人，網站有售賣產品，同一時間又可以預約到美容院試用服務。原意本是希望那些未能抽空到美容院的客人可以直接在網店內購物，增加收入。

花了約 10 萬廣告費用後，他發現 ROI (Return on investment 回報率) 遠低於預期，然後找上我。

為了了解可能的情況，我自行扮演有需求的潛在顧客。一進入網站後，我第一個印象是「亂」—— 不是網站的設計亂，而是我自己腦袋很亂，第一個問題是：

「我究竟是應該買產品，還是預約試做服務？」

問朋友後，他們對網站也有同一個感覺。

可能是網站一開始打算什麼都做，以致於網頁文案變成四不像。簡單說就是，兩個產品之間某程度上是互相競爭的。

去美容院就是想要比自家做保養專業，所以文案應該著重這個賣點。但當你又有在家自行使用的產品時，就可能令你立場表達得沒那麼肯定。

你可以想像自己走入一間時裝店，2 個銷售員同一時間分別在你左耳及右耳推銷，一個是推銷外套、另一個在推銷背心，你會不知買哪個比較好，可能只有一句：「媽，我好亂呀！」

個人覺得貪心是一種大忌，對每一個客人走進網站，都應該只要求他們進行一個動作 (可能是下單、填寫表格、聯絡客服)，你一定要弄清楚。

若有研究銷售漏斗，你應該很清楚每一頁的目標是什麼，例如在要求購買的版面，只留下購買按鈕就可以，不要畫蛇添足，令訪客分心。

你可能會說，最終目標當然是希望訪客進行購買行為，但你一定要搞清楚你產品或服務的整個購買流程如何，以及你的顧客正在處於哪一個階段。

B2B 跟 B2C 是有完全不同的目標及流程，不要混為一談。要找到適當的目標給客人。

不妨找朋友或第三者問一問是否了解廣告的目標，或希望客人做些什麼，若他們不能簡單地指出，可能要重新設計一遍了。

寫字的價值

寫文章是我目前花費時間最多的行銷工作。曾經看過某人解釋為何要懂得寫作，內容大意是：**文字是你專業能力的放大器，若你不能把你的服務或產品用文字令人更容易明白，你的生意不能走得更遠。**

《原子習慣》作者 James Clear 說得好：

「在任何地方都沒被教導過，也最被低估的職業技能之一，是編輯自己的作品。

偉大的寫作實際上是『重寫』，簡化句子，強調重點，仔細檢查錯字。

『很會寫』在任何工作上都佔優勢。」

以前其實並不是太明白，直至近年回望，若要行銷，除了需要資金，更最重要是由「內容消費者」變成「內容生產者」，這個概念很重要。

這不單單指是你能製作內容，而且在你製作當中，你會培養到一種觸角，知道消費者大概想看什麼。

在眾多內容製作媒介：文字、影片、聲音、圖像，自己還是比較重視文字的價值。若說我的生意是由文字開始也很貼切，第一個找我做服務的人，就是從閱讀我的網誌開始的。

記著：你不需要是一個作家，也可以寫字。自己最初 4 至 5 年也寫得很差 —— 沒有條理、詞不達意、缺乏詞匯，有時是為寫而寫。

我也曾經很羨慕那些很會寫的人，遺憾地，寫字沒有捷徑，真的是一分耕耘，一分收穫。

為了令自己可以進步，曾經每天逼自己寫 60 分鐘 (現在則是 30 分鐘)—— Facebook 貼文、IG 貼文也好、網誌也好，怎樣都要寫一點。但最重要的是**一定要發佈**，這樣才知道效果，怎樣寫才會有共鳴、有反應。

雖然現在也只是提升了一點能力，但至少能表達自己所思所想，有時有機會令讀者發笑。我想寫得多，除了提升寫作能力外，另一個好處是思考的邏輯及層次也會提高。

今天，很多人會覺得應該影片先行，但我仍然認為發表文章或網誌，在行銷上有極大幫助。

但很多人會說自己沒有什麼可寫，我也會出現這個情況，這個時候閱讀便變得更重要了。

關於沒有靈感，自己則會隨時用手機記下點子，留下來，隨時拿出來使用。

沒有輸入，真的很難有輸出。就算多忙，如果每天也騰出最少 30 分鐘閱讀，怎樣也會有一點資訊可以刺激你的思考，從而產出內容。

先寫文章，再學習寫能賣東西的文章。

而當你要開始銷售時，文案是一門必要技能。文案就是一個銷售員，

我沒有學過如何寫文案，但我在不停模仿及抄襲下 (真的是抄的)，真的可以透過文字把服務賣出。

好的文案是會令讀者行動的，它能夠說出潛在顧客的切膚之痛、釋除讀者的疑慮、提高顧客對產品的信心，以及最重要的 —— 令消費者行動。我還在不停學習 —— 潛在顧客的文化會不停改變 (我以前寫的內容偏向針對 80 後受眾，現在的則開始針對 90 後)，你要不停收集資訊、內化，然後用你的文字表達出來。

我常用的架構是從 Jim Edwards (著名文案師) 學到的 "FBM" :

F: Features (功能 / 特式)

B: Benefit (好處)

M: Meaning (意義)

要賣得出產品，就像一個推銷員跟你推銷一樣，但推銷員有分初級及頂級，他們的銷售技巧可以差很遠。

用一個買 7 人車的例子 :

最初級的文案多數都是賣功能、寫特色 —— 7 座位、寬敞、省油。

進階一點的是賣好處 : 你可以一家人，連工人一起到戶外走走、遠離煩憂。

再進階一點的是賣意義 : 做到一個好爸爸，把理想的生活帶給家人，彌補童年遺憾。

(我曾經問過一個朋友為何預算不多，仍堅持要買 7 人車，他說因為自己小時候父親已經離世，沒有太多一家人相處的時光，所以希望車子大一點，可以三代同堂到處遊歷)

不同人對一件產品的意義可以很不同，一個主婦及公司 CEO，對產品的要求可以很不同。要找出產品對顧客的意義，可以在你列出一個優點後，接著問「為何這個對顧客重要 ?」或 「意思是什麼 ?」

7 座位 -> 因為我有兩個小朋友 + 工人 + 自己的媽媽 -> 我可以和他們一起分享經歷 -> 因為希望小朋友可以有更多家庭生活 -> 因為我自己經歷過沒有家庭的童年，不想自己孩子有同樣經歷 -> 我希望自己可以成為一個好爸爸

自己有時會翻譯一下外國大師的文案，再整理為己用。我注意到的是中外文化始終有別，英文的文案，部份會大膽挑戰讀者，在本地文化中未必適合。

雖然外國有很多書籍教寫文案，但我覺得要有效果，一定要在地化及不斷測試。

(記住，不要怕丟臉，怕寫得不好，沒有一個文案大師是一出生就懂得如何寫文案的 !)

說故事

很多廣告都是在說道理，就好像媽媽不停在你耳邊說：

「天氣冷，多穿件衣服 !」

「努力念書，才可以賺多點錢 !」

但真的令你聽得入耳，又能夠令你作出行動的有多少個呢 ?

人很喜歡說道理，但不喜歡聽道理。喜歡跟同事說道理，但我知道他們不太接受我的道理。跟你越熟悉的人，你越不想聽他說道理。

你要明白，沒有人是喜歡被教導的，就算是你的子女、你的伴侶，就算你的引用一系列圖表，再充足的証據，也不會產生作用。

人天生就有一套防衛機制，只要跟自己的信念產生衝突，這個機制就會運作。不論你拿出多少的資料數據，很多時候會適得其反，更加鞏固對

方本身的信念。

英國神經科學家沙羅特說過：「事實上，在面對與自身想法相牴觸的資訊時，人們會想出新的反駁方式，來加強自己原本的觀點。這種現象被稱為『回彈效應』。」

那證據、數字不重要嗎？

在說服的過程中絕對重要，但不是第一順位。要打破固有信念，一定要先影響其情緒，令分析的部份停一停。

我學到說服最重要的技巧，跟成功推銷產品的道理很接近：

「如果你希望人們接受新概念，並且買單，你應該引導他們找到答案，而不是直接給出答案。他們必須自己想到方法 …… 一旦他們自己想到答案，自然會買單。要由顧客做出購買決策，而不是你，當這種情況發生時，就不用推銷任何產品了。」

道理是由顧客自己想出來的會更容易接受一點，而最好的載體就是故事。

《勾引大腦》作者 Lisa Cron 講述故事的運作時，會讓我們的大腦分析區域停止運作。

「 …… 你是否曾經注意過，當有人說『我跟你說一個故事』時，大家是怎樣放鬆下來的？當大腦內急速增加的多巴胺對他們的『分析腦』輕聲細語說：『靜點，不要說話、不要挑毛病，我想沉浸在故事的世界中 ……』許多 MRI 的造影研究都顯示，當你沉醉在故事時，大腦裏的同一個區域會被點亮，就像你正在和主角做同樣的事。你確實身歷其境，彷彿那些事發生在你身上一樣 ……」

近兩年看了不少教寫故事的書。說實話，寫頂級的故事需要時間練習，但若你只是在賣東西，則只要懂得故事的結構即可。

前述提及一個好故事對品牌有加乘作用，參考不同品牌及大師後，基本上有幾個慣用脈絡，只要跟著去改去寫，故事通常都會不太差。

如很多韓劇的脈絡 ——《秘密花園》、《社內相親》、《大力女都奉順》、《The King: 永遠的君主》有什麼共通之處嗎？

韓劇基本上有一個框架，主軸是差不多的故事 —— 以上全部都是霸道總裁系列。

1. 總裁設定一定是霸道但俊俏，一定有錢，但都會有個不為人知的悲慘過去，從未向外人提及
2. 女主角的是總裁人生中第一次對他特別差的人，不會畏懼他之餘，也不會對他有興趣，卻引起總裁注意
3. 女主角一定會先拒絕總裁的表白
4. 解開總裁過去的傷痛的同時，慢慢愛上他
5. 當中一定有其他人 / 事阻礙，總裁可以為女主角放棄所有
6. 大團圓結局

雖則你我都預期了故事發展，但你就是會追看，因為這完完全全符合了我們的天性 —— 喜歡看故事！而我深信很多人會代入了自己是總裁或女主角的角色中。

個人行銷故事

若你是在個人行銷的話，採用 superhero 的故事模式是最合適不過。自己不是 Marvel 粉絲，因為我覺得每個故事基本結構都是一模一樣，不論是 Iron Man、Spider-Man、Doctor Strange、黑豹 ，內容可能不同，但結構不會有大變化，但它仍然有眾多粉絲，所以這個結構是一定要學的。事實上，我自己的介紹都是用這個故事結構。

很多人採用的故事結構原型是 Joseph Campbell 的《千面英雄》

(The Hero with a Thousand Face)。內裡有 17 個階段，也就是所謂的英雄旅程：

（作者坎貝爾被譽為神話學大師，他的這本書被眾多好萊塢導演、編劇、創作者和藝術家們奉為神書。據說 《星球大戰》也是以這個為藍本寫出來。）

1. 冒險的召喚：英雄接到來自未知的召喚
2. 拒絕召喚：責任或恐懼讓英雄無法展開旅程
3. 超自然的助力：遇上師傅或成為眾所皆知的存在
4. 跨越第一道門檻：英雄離開已知世界並投入未知
5. 鯨魚之腹：走入未知，進入一種不穩狀態，就像人類進入鯨魚的肚內，身處黑暗的地方，伴隨而來的是絕望與迷惑
6. 試煉之路：英雄歷經一連串測試，才能有所改變
7. 與女神 / 愛相遇：英雄體驗到無條件的愛
8. 誘惑：英雄遭遇誘惑，可能放棄終極目標的追求
9. 向父親贖罪：英雄必須面對在他生命中具終極力量的對象
10. 在英雄凱旋而歸前的和平與滿足：英雄進入一種神聖的境界（通常通過某種形式的死亡）
11. 終極恩賜：達成目標
12. 拒絕回歸：在新世界找到了幸福和啟悟，英雄可能不願意回歸
13. 魔幻逃脫：有時英雄不得不帶著恩惠逃跑
14. 外來的救援：有時英雄需要救援者
15. 回歸：英雄保留在冒險中獲得的智慧，並通過與世界分享他們的智慧，融入人類社會
16. 兩個世界的主人：英雄在物質與精神（內在和外在世界）之間取得平衡
17. 自在的生活：無懼死亡，英雄活在當下，不憂慮未來，不後悔過去

但我不是寫劇本，我自己嘗試過用以上的藍本去創作，但又沒有這麼豐富的內容，所以拼湊出來的故事很奇怪，我偏向採用 Russell Brunson (ClickFunnels 創辦人) 的簡化版，並調整了一點：

1. 跟讀者一樣都是一個平凡人
2. 生活上遇到大大小小的挫折，就像讀者一樣
3. 直至某一個時間點，挫折去到極限，不得不改變
4. 想盡方法也不得要領
5. 直至遇到 XXX 或想通了某個道理
6. 開始從谷底慢慢爬上來
7. 面對新的問題、真實的自己，很想放棄，但仍堅持下去
8. 途中經歷思維上的改變
9. 達到今天的成就，及成為了一個新的人

基本上，大部人的發奮故事都是以上述模式加加減減而成，能否感動人，就要看你的故事有多真實、文字功力了。

我觀察到一點是，很多人在轉折位 (即第 5 部份) 寫得太快、太簡單，不禁令人聯想他所謂的奮鬥是否有所隱瞞，令人猜想所謂的奮鬥只是有「父幹」及 「運氣」。

詳情可以參考他的 《專家機密》

寫故事經常需要重複修改，這是十分正常。隨著你的閱歷增加，你對某些事的看法及詮釋方法也會有所不同，我也會不停修改，沒有完結的一天。

若你想用故事改變一些人的看法，《勾引大腦》 提供了一個方式，

誤解 -> 真相 -> 發現 -> 轉變

誤解 —— 受眾本身錯誤的信念，你不能直接告訴受眾他們這個信念有問題，這等同挑戰他們的自我認同。

真相 —— 這就是希望受眾接受的觀點。故事裏的各種事件就是為了告訴受眾，他們的信念不單止無益，也不能得到他們本身想要的東西。

發現 —— 故事中出現的事件，讓受眾主動質疑自己的錯誤信念，最後發現這個信念是錯誤的。

轉變 —— 你的受眾知道舊有信念就是限制他們達成目標的主要原因，故事的呼召就是他的解藥。

走極端 (Be Polar)

1. 40 歲中年大叔，喜歡 poker，開了一間眼鏡公司
2. 40 歲中年大叔，喜歡深夜一個人聽鬼故事，並花錢訂閱恐怖頻道。當朋友提到想去某個地方旅行時, 他能即時說出當地的都市傳說 👻

你會想認識哪一個 40 歲大叔呢？

個人來說, 我對 2 號人物比較大興趣，或者說對他的印象會比較深刻，但其實這兩個描述都是在說同一個人，因為他是我的朋友！

他是一個朋友的老公，跟他認識 2 年，第一個描述是我一直以來的印象，沒有什麼個人特色，也沒記憶點。

第 2 個描述則是從朋友口中得知，頓時之間，很想跟他瘋狂對話！

別人能否容易記得你呢？

若你是建立個人品牌時，先不談產品或服務，最少讓人記得你！

比起 10 年前，網上世界更多人以個人身份行銷，不計自己的行業，保險、美容、個人成長都有不少 KOL 出現。

不妨問問自己，你記得的有多少個？

除非你很英俊美麗，又或是很醜，像我這種平凡人一定要製造記憶點，而我覺得比較易造到這個效果的就是反主流。

Be Polar 可以是增加記憶點的一個方向。

舉個例子，要身材健碩，正常想法當然是注意飲食、不吃油膩食物、多做運動。

但人就是懶，就是沒紀律，如果你倡議的是相反：0 運動、可以任吃，你的訊息就較易被傳開。

外國有一種說法叫 “polarize”，意思就是你宣揚的概念要走極端。平常的很沉悶、沒有人會記起 ...... 你要想一下如何找出反主流、令人難忘的訊息。

在想自己的記憶點時，網路行銷玩家創辦人阿石曾經幫我取了「最多頭髮的 SEO 專家」—— 因為 SEO 世界那些頂尖的專家，包括 Brian Dean, Neil Patel，Ivan So (sorry Ivan) 都很一致地是光頭的 .....

但我最近開始發現自己也走向這個專家之路了 ......(我有時會想若成為 SEO 專家，需要這個犧牲的話，付出也真的太大了吧 !)

細心留意的話，很多外國的行銷專家都會專門製造一個記憶點，讓別人記得他，除了提及自己的成就、學歷外，很多在簡介上有一頁 「你不知道的我 ......」，也是在做同一件事：

Tim Ferriss:

Tim enjoys bear claws, chocolate croissants, writing “About” pages in third person, and neglecting italics.

Frank Kern:

I'm 48 years old. I live in Miami with my wife, Natalia.

We have four kids, and a dog named Dolce.

I'm guessing that's not the kind of stuff you're looking for.

You're probably wondering...

Is This Guy Worth My Time & Attention?

For many readers, my answer is NO.

以下是他們都列出而有趣的方向，不妨加入自己的簡介：

1. 有小孩嗎？有多少個？
2. 住在哪裏呢？
3. 小時候想投身什麼職業？
4. 有喜歡哪一種運動嗎？
5. 有沒有喜歡的球隊？是死忠嗎？
6. 除了工作，有沒有一種比較特別的嗜好？
7. 有寵物嗎？若有，牠的年紀？
8. 人生有什麼格言嗎？
9. 最喜歡的書？
10. 最喜歡的演員？
11. 最喜歡吃什麼？

我自己每隔一段時間就會更新自己的介紹，你的生活應該不停進步，也應該有更多事情可以加入。就當一個表達自己的練習，給自己一個有趣的自我介紹，有興趣朋友可以一看我的簡介[1]。

Ringo 的簡介[1]: https://www.ringoli.net/about-me/

人類大腦對千篇一律的資訊很容易感到麻木，若你想令人記得你，要不非常出色，要不就有點怪。

你有什麼痴迷，有一點點怪或特別嗜好嗎？

很多產品都聲稱自己是「最好的」：「最好的牛肉」、「最好的吸塵機」、「最好的咖啡機」，個個稱自己為「最好」，最後只會變成 white noise，要記起真的很難。

一天坐在辦公室，突然傳來一陣香水味，我以為是女同事，故不多問。過了一陣子後，有同事忍不住問，終於知道原來有一位男同事用了一枝香水。

我好奇男同事一向都沒有噴香水這個習慣，又沒有體臭問題，為什麼突然會噴香水。探究下，原來同事用的是一枝「男人噴了 man 味綻放，女人噴了性感爆發」—— 會令人對他產生欲望的香水。

就是這個賣點，令同事買下來。

至於功效呢？

有一個男同事表示：好 high，同硬了起來 。

女同事呢？(每位都載上了口罩)

以後，我就只記得他是搽男性香水的古怪男了。

閱讀了 Dan Kennedy 一篇關於「如何製造終生跟隨你的顧客」，當中提及就算你的產品再好、服務再佳，客人亦未必會跟著你一世，但若你很有趣，是可以吸引人追看你的。

用自己的名字開始行銷已經有 10 年，誤打誤撞下走到今天。以前只集中於SEO、行銷的內容，其實沒有多大的反應。但我發現分享個人成長、創業、生活糗事，回響更大。

後來讀了《Expert Secret》，我才意識自己是不知不覺間做了一個有趣的人設。

朋友經常問我：「樂少，你整天出外玩樂，又不用工作，好羨慕……什麼時候請吃飯？」(雖然我不太了解為何要請吃飯？)

然後我回答：「其實這是行銷！」

私底下，我不宅 —— 但我也倒寧願靜靜坐下看看書、追看 Netflix 過日子，出外曬太陽曬得多也會很累。

你可以悶，但你投射出來的人設要有趣。試想一想：一個經常環遊世界的人，跟一個朝 9 晚 5 的上班族，你會想認識哪一個呢？或者你心裏想成為哪一個人呢？

若你生活不精采，要想方法演繹得精采。

發現不少人在個人品牌定位時都會遇到問題，例如一個牙醫可以怎樣定位？

假設你是一位牙醫，除了自己的專業外，你總不能只用友善、價錢便宜、技術精湛作為賣點。而我通常都會叫他們想多一點：「除了專業以外，你還有什麼嗜好呢？」(因為專業是顧客已預期到的)。

最近和一位做保險的朋友聚餐，我覺得自己上了一課藝術收藏課。到了他家後，見到很多不同類型的藝術收藏品，我當然對這些一竅不通。

他除了耐心教導我分辨不同類型的收藏品，雕塑、字畫等等，亦告訴我很多怎樣判斷一幅作品的價值 (罕有度、作者是否還在生、有沒有其他知名收藏家收藏 ......) ，把自己提升到另一個層次，我對他的印象已經不再只是一個保險經紀，也難怪他的顧客大多是高端客戶。

有一位會計師客戶，怎樣想也想不到他的賣點 (會計界別也的確競爭極度激烈)，於是便從他的日常生活著手。細心觀察下發現他是貓奴，經常在 IG 分享他的貓照，那麼是否可以稱呼他為「貓奴會計師？」或 「正職貓奴 —— 副業會計？」

你可能會說：「這好像跟他的專業無關？」

重點是，要別人對你留有印象。事實上，「貓奴」這稱呼會令人其他有養貓的人有很多共鳴。

再者，你覺得貓奴性格如何呢？又或有什麼特質呢？人很自然會把這些性格特質投射進去。若你是貓奴，剛巧又想找會計，你會否想找他聊聊呢？

記憶點 (Hook)

上一篇說過，行銷需要 “Be polar”， 指你的行銷資訊不能太平凡，一定要起角才會引人注意。

這兩天跟朋友不停提及一個話題：” Perineum sunning”

簡單來說就是曬日光浴，不過是打開雙腳朝天，腿張開露出會陰吸收陽光，聲稱會睡得更好，增強性能力等，它的正式名稱是「曬會陰」。

一位名為 Abushady 的網民表示：「除非你親自體驗過，否則你無法真正描述那種感覺，就好像陽光從下往上灌滿全身。」

聽起來真的很瘋狂，你一定會記得。

看不同行銷大師的書，都應該會見過這個字 “hook”—— 鉤的意思。我自己的演繹則是「記憶點」，別人想起你或你的產品，會聯想到什麼？當然你不一定要去到「曬會陰」那麼極端。

想起 Stephen Curry，你會想起 「三分球、娃娃臉、浪花兄弟」；

想起 Elon Musk，你可能想起「Tesla、富豪、Iron man、癡線佬」；

想起 Tim Ferriss，你可能想起 「一周工作 4 小時、光頭、外包」；

想起 Tony Robbins，你可能想起「走火炭、大力拍手、不停叫你 “Say I” 」；

想起 Dyson 吸塵器，你可能想起 「掛牆、型、貴」；

想起鞋子品牌 “TOMS”，你可能想起「買一對鞋，捐一對鞋」；

你或你的產品是否有些什麼記憶點呢？

很多時候 USP (unique selling proposition 獨特的賣點) 其實就是那個 hook，我覺得不用分得太細，因為最終目標還是一樣。

如果你已經在行業一段時間，問一下你的客戶如何描述你或你的產品。你得到的答案可能跟你預期很不一樣。有人叫我做 「SEO」專家，但其實也不能說完全跟自己腦中預期的一樣，我腦中預想自己是個「喜歡挑戰極限運動的創業家」，但至少別人記得我是做 SEO。

有些人覺得很難找到 USP 或記憶點，但我發現很多時都只是觀察或敍述某一個產品或服務時的角度不同罷了，以下是一系列最 XX 的，看是否能啟發你找到自己的記憶點：

- 最奇怪的
- 最不合邏輯的
- 最致命的
- 最麻煩的
- 最黑仔的 (最不幸的)
- 最巨型的
- 最靚仔的 (最英俊的)
- 最愚蠢的
- 最錯漏百出的
- 最厚臉皮的
- 最鐘意駁嘴的 (最喜歡反駁的)
- 最寬敞的
- 最臭的
- 最大隻的
- 最潮的 (最時尚的)

替別人創造記憶點，反倒比想自己的更容易，別人認為你很特別的地方，對你來說可能沒什麼大不了，真的要多問幾個人，你可能會有意想不到的收穫。

個人覺得記憶點是越多越好，模仿你將變得更困難，你會變得更獨一無二。

你可能誤會了內容行銷

「我寫很多文章、不同類型的也有，每天最少寫一篇，試過一天寫三篇，但為何仍然沒有人買我的產品呢？」

很多人聽了不少大師或書本的建言，於是開始製作內容，他們每天寫、每天更新內容，覺得只要質素高、有深度，終有一天會有人欣賞，這是他們理解的內容行銷。

內容行銷其實是由兩個詞語組成：分別是「內容」及 「行銷」！

「我的內容是乾貨，為何沒有人欣賞？」

在內容層面，不單是乾貨便足夠，你還要令內容更易入口。沒有不敬之意，但很少人會拿大學的論文閱讀，儘管論文一定是乾貨。

一句說穿：「很悶呀！」

《知識複利》一書解釋得更清楚：想像你種了一顆檸檬樹，的確會有人直接吃一個個的檸檬，買一個個的檸檬，但數量不大。

若要賣得更多，你要把它們變得更容易入口，例如變成一杯檸檬茶、加蜜糖變成檸蜜，銷量便會立即提升。引用作者的話語 —— 改善讀者的用戶體驗。

很多時候我們用自己的專業知識製作內容，問題是太專業、令人覺得枯燥。要想方法變得易入口，這才是真正的「內容」 。

當然，內容質素絕對必要 —— 你能夠靠著東併西湊生成一遍內容的年代已經過去。

最近在 WordPress Meetup 的分享，提及很多 AI 工具已經可以大規模生產內容，我自己也認識朋友開始用 AI 工具取代寫手，而質素相當不俗。

要跟 AI 拼內容，短時間內我仍然覺得難以超越人類，特別是中文內容，但 AI 水平已和人類越來越近。

若果你一定跟 AI 競爭，個人經驗或體驗是 AI 沒有的。長遠來說，你要決定內容方向，或直接運用 AI 協助你製作內容。

「我已經令內容變得容易入口得多了 ..... 為何還未被廣泛流傳 ?」

絕大部份人會集中資源在 「內容」的部份，90-95% 的時間都在製造內容，只花 10% 在「行銷」。

內容夠好，的確會「終有一天」被發現，但若你是做行銷的，「終有一天」可能是你等不到的一天。就像你在旅行時發現了一個隱世美景，但因為旅遊網站沒有提過，沒有人知道這個地方。

所以「行銷」這個部份其實絕對需要投入更高的重視。

在我而言，我接近 60% 時間也在行銷內容，可能會分成短篇放在 Instagram 及 Facebook，也發電郵給我的名單。我也會把內容發佈到不同內容平台，亦會為內容下廣告。

行銷時間要多少沒有一個絕對答案。但比例應該是逐步提高的。一開始可能花 90% 時間做內容，10% 行銷，一段時間後則可能調整至 50/50。(以我所知，朋友阿石會花 80% 時間行銷內容)。

在 Funnel Hacking LIVE 聽過一個有 600 萬追蹤者的 Youtuber 解釋早期如何行銷自己的影片。他說他每次拍完一條片，都會分享給相似題目、受眾也相似的 Youtuber，人手逐個溝通，希望有一天其他 Youtuber 會幫忙分享他的影片，這樣持續做了 3 年，終於達成了現時的成績。

有一點要注意的是，你要預計名人、大咖一開始不會理你，最佳做法是跟自己差不多水平的人行銷，成功機會比較大。

「內容」只是這個公式的一部份，「行銷」也需要放一定的時間心力！

不變的行銷定律 —— 持續出現是關鍵

我是從第 3 季才開始看 《怪奇物語》、也是由《冇炭用》才追回所有黃子華的棟篤笑，倘若他們在製作了第一季或第一集後便放棄製作，我有很大機會錯過這些出色的作品。

我們在一個資訊多得消化不了的年代，就算你的作品再出色，也有機會被淹沒，除了繼續提升質量，還有一個變數。

GaryVee 帶給我最大啟示是 —— 行銷是一場持久戰。

儘管他已經是舉世知名社群行銷專家，他仍然每日發佈內容。你可能說，他有團隊替他整理及發佈，但錄製的部份還是繼續自己來。

我應該是自從他做 Wine Library 開始追蹤他的動向，我對紅酒沒有太大的興趣，但對於他如何用影片賣酒很有興趣。那時直播還是剛起步階段，也見證他由一個人對著錄影機拍攝開始，到今天擁有整間媒體公司。

我頗肯定他真的說到做到，幾乎每天都會發佈新內容，令他由紅酒大師走到社交媒體大師。他說重點是「 持續出現 」。

如果你覺得沒有什麼可以發佈， 一個小跳步是：記錄你的每一步。

有些朋友有一種「完美主義」，圖要 100 分、文字要 100 分，構思要 100 分，希望以 100 分的水準呈現給大眾，但往往遲遲也產出不了內容。

看我的內容，就知我是另一類人 ——「錯字」、「漏圖」經常出現，因為我覺得持續輸出重要過「完美」很多。況且，要每天達到「完美」的難度真的非常高呢，我倒寧願做到 70 至 80 分便會發佈（可能這個分數也

給高了)。

自己在 Instagram 開始行銷時，同事問：「我們可以一星期發佈全部內容，你想這樣做嗎?」

這個是資源問題，若你可以每星期有這個數量的產出，當然可以。但因為我的目標是持續出現，所以叫同事分三個星期慢慢發佈。我內心的想法是：短跑我未必可以跑贏很多人，但鬥耐力我倒也有信心。

近來不時聽到「我細細個就睇你 D 野，終於可以搵你幫手(我小時候就看過你的內容，終於可以找你幫忙)!」(明明大家就差不多年紀)

我想，這也許就是持續出現的威力。

另一個 GaryVee 帶給我的啟發是 —— 擁抱新媒體。

80 後在這個行業已經被叫做老前輩，對呀，有人在 Facebook tag 我，還留言：「老而彌堅」，雖然我認為這個四字詞語應該用在另一方面。

但事實是，若你身邊的朋友全是同溫層，的確會被新一代抛離。說實話，到現在仍未玩過 Tiktok ，也不明白為何只保留 24 小時的限時動態 (story) 會這般受歡迎，但你一定要開放心境，去了解新一代的注意力在哪裏。

保持年輕，不只是外表，還有心態。

但在行銷的角度，是否一定要擁抱新媒體呢?

個人認為不一定 —— 重點應在你產品受眾在哪裏。

記住，我們不是可口可樂，不會有用不盡的廣告預算，也不是所有人都是我們的目標客群，我們的錢一定要花在自己受眾所在地。

你以為 Yahoo 的廣告已經過時嗎?但不少 50 歲的人把 Yahoo 設定為首頁!

你以為 Email 沒有人用嗎? 我見過不少客人第二個回報最高的途徑就是 Email。

很多人也不聽收音機了吧? 但你知道絕大部份汽車廣告及汽油廣告也

出現在這個媒體嗎？

我自己的生意大部都是 Google 及 Facebook 而來，不論是成交金額及成交率均是較高的頻道，目標受眾明顯是公司的上班族，因此廣告預算多在這兩個地方。自己也沒有在 Signal、Snapchat、TG 等地方下苦功，因為我真的沒有那麼多資源。

有點低俗，但有一個以前經常到蘭桂坊[1]玩樂的朋友說過，每個夜店都有自己的特色，也會吸引不同種類的客人：有同性戀的、異性戀的、年輕的、高級的，為了玩得盡興，你到訪夜場前一定會先弄清楚吧？

我記得跟迷你倉老闆討論，雖然網路行銷成效不錯，但越來越貴，每個客人的獲得成本可以越來越高。相反，傳統的找個阿姨派傳單，效果更快更精準。

你的客人在哪裏，你就應該到那裏，還要不停出現！

蘭桂坊[1]——香港著名夜店集中地

流量

Traffic

Chapter 04

流量

客人在哪裏，你就應該在那裏 —— 九個找受眾的方法

從我第一天走進網路行銷世界時，流量已經是我最重要的關注點，也是一個很大的題目，這本書是無法完全涵蓋的。我以前覺得只要有流量就會有生意，於是什麼流量也會一試。除了很多人都認識的社交媒體、Google 廣告以外，我買過很多流量、也試過用不同方法偷流量。

Solo Ads 曾經是我最喜愛的流量 (香港很少用到)。簡單來說，就是有名單 (list) 的人替我銷售產品到他們的名單裏。他會替我的產品撰寫一個電郵，連同我的產品一併電郵給到名單上的每個人。

第一次嘗試時，是跟當時的教練合買，大概花費了 400 美元，宣傳給名單上的 200 個人，推銷的產品類似「在家賺錢系統課程」，當時的轉換率超過 60% (真係嘩了一聲)，快速賺了一筆。

一次成功後，我便不停找賣 Solo Ads 的人，轉換率有高有低，但都長期維持 30% 以上。一段時間後，轉化率開始下降 (很正常)，而且 Solo Ads 越來越貴，開始出現不能平損的情況。

我學到最重要的一課，就是誰掌握名單，誰就有話語權。於是我開始建立自己的名單，不算多，幾千個，打算賣自己的服務。

大概蒐集到 3000 個電郵後，我打算向他們推銷一些行銷課程。花了超過 3 星期製作課程，最終只賣了 3 份，慘敗。

現在回望，不是名單問題，是我跟名單的人的關係不夠穩固、不夠熟。我以為支持者會搶著買，但他們的支持程度未到會拿出信用卡。原來有了

名單只是第一步，很多人也停留在這階段，但更重要的是跟名單上的人建立關係。

現在我經營 B2B 業務，基本上只有一個很小的名單，但非常精準，因為我花相當時間跟名單的人混熟。

另一個我賣課程成效差的原因在於名單的人其實不太精準。雖然都是對 SEO 有興趣，但他們是對 SEO 趨勢感興趣，而不是親自執行 SEO 優化工作，所以我搞錯了收集名單的目標。

你想釣石斑，你知道不應該走到河邊釣；但在找客人時，又會在沒有客戶出沒的地方找。

你可以在哪裏找你的受眾呢？以下是九個我見過的方法：

1. B2B

這是由一個拍攝電視廣告的朋友告訴我的，因為預算關係，他們一定會鎖定某些品牌去行銷。問題是很多大公司都已經有 4As 的廣告公司跟進，要和這些公司競爭非常困難。

他們便利用 LinkedIn 的 Sales Navigator（付費服務）找客人，你可以找到目標公司客戶不同層級或部門的人。朋友則利用 Lusha 等工具直接找出符合條件的客戶，節省時間。

有一個做顧客管理系統 (CRM) 的朋友搜集了很多香港公司的 IT 人資料，然後逐個傳短訊連繫，建立關係，類似 cold call（陌生開發）。他也聘請了一位員工從早到晚做這個 cold call 動作，接觸到的由公營到私營的 IT 都有，也能安排見面，成事的也有不少。

近年走向建立個人品牌的方向，多了人來應徵我公司的職位（笑），也多了獲得邀請，到不同平台演講及分享（我的第一個大學分享也是由 LinkedIn 而來），也找到了兩個很重要的台灣合作伙伴。

但緊記，LinkedIn 是秀專業的地方，若你英文不太在行的話，記緊找專業的人替你整理一下，效果可以差好遠，有些錢就是不能省。

2. B2C

各位有沒有聽過 BB 出生群組？例如 2021 年 3 月出生群組，2021 年 5 月出生群組？群內就是一班充滿焦慮，或有一定購買需要的準父母，藉著提供有效資訊，很容易便會建立一個基本客戶群。

3. 付費流量

正如我用過 Solo Ads 獲得非常精準的流量，只要計算準確，買流量絕對應該是該考慮的方案之一。

廣告在毛利較低的行業的確沒有那麼划算，所以我會計清楚一個客人的終身價值，來決定我可以花多少錢來獲得一個客人。

不少客戶說他們的產品不會有重複購買，那你的努力的重點應該是：**「如何由單次購物變成重複購物？」**

Dan Kennedy 的名句：” Whoever can spend the most money to acquire a customer wins.”（誰能花費最多的錢來獲取客戶，誰就是贏家。）

4. 免費流量

免費流量其實並不是真免費，不少人都會認為不用錢等於沒有成本，因為絕大部份的免費流量其實都要用相當時間才會開花結果。在你衡量成本時，一定要把時間也考慮在內。

剛開始創業時，為了免費流量，我會投稿到不同網媒。有流量的媒體，一定會有編輯監測內容品質，因為網媒的內容不能重複，每次投稿均要重

新寫一次內容。問題是，網媒不一定會採納我的內容，我是處於一個被動的位置。可能 3 星期後，它們才會回覆不採納內容，又或從來不回覆，那之前製作內容的時間便全然白花了。

5. Facebook 群組 /Telegram 群組

有一段時間，我為了宣傳一個 MLM 服務，加入了不同 MLM 公司的 Facebook 群組。經驗告訴我，很多玩 MLM 的都會參與多於一間公司。加入群組後，我便積極參與討論，大概兩至三個月，建立了一定的信任後，便可開始每個人私下聯絡。

6. 興趣出發的群組

我有一個教車的朋友，50 多歲，他從不賣廣告、也有點不屑賣廣告，還經常嘲諷我不夠客人，但他的生意多得接不來。問他的客人怎樣來，他說全部都是轉介而來。

我也不知道他是有心還是無意，他會開很多群組，有單車、爬石、划艇、潛水等群組，每隔一段時間便會舉辦活動，朋友介紹朋友下，又會有新朋友加入群組，由起初的十多人，變成之後的百多人，群組內有很多年輕人，完全是他的目標客群。

當然，他是玩得樂此不疲，也由始至終沒有推銷自己，卻令人一想到學車，就會想到他，我也是因為單車的緣故，成為他的客人。

(他的行銷系統唯一問題是沒有介紹費給介紹人，令我賺少了)

你有什麼興趣嗎？有什麼興趣跟你的目標客群相近呢？

7. 對手的廣告

我只是提及他的作法，道德與否請自行判斷。

有一個專門提供中小企貸款的朋友的客人非常精準，但他從來不付廣告費，因為對手已經替他付了。

若你曾經觀看一個廣告，Facebook 便會把同類行業的廣告也展示給你，就是你看過一個寵物店的廣告後，其他的寵物店廣告便會輪流展示。

朋友的對手，很多時候都會叫客人留言，然後私訊給他們，朋友就是在這些留言裏找客人。看見留言在對手的廣告出現後，他便會私訊這個留言者。

事實上，因為留言的人其實也是冷流量，對本身賣廣告的公司也不是太熟悉，對潛在客戶來說只是多一個選擇罷了，回覆率很不錯。

他說：「我平均每天花 15 至 20 分鐘做這個私訊，每個月也找到 30 至 40 個潛在客戶。」

8. 聯營合作

方法雖則有點舊，但有用。你的行業可能有一些網站是比較知名，也是潛在顧客可能聚集的地方。不妨聯絡一下網站管理員，看能否用他們的名單替你宣傳，當然是付費的啦。

9. 走投無路的話 —— 求救

有個理論是你跟世界上每個人基本上只有五個人的距離，意即你跟只要透過最多五個人，你就可以聯絡上美國總統、或任何一個 NBA 球員。

我有次想認識某間公司的總經理，只是在一個相對生疏的朋友 WhatsApp 群組問一問，五分鐘後，我已經跟他的秘書聯絡上。若你想打

進任何圈子，不妨問一問你的朋友。

有些人不想欠別人人情，所以不太喜歡拜託人，但我經常覺得別人可以幫助你，他自己也會感到快樂，當然，有一天你也應該找機會幫助他。

建立你的族群

聽過果粉會通宵排隊買新 iPhone，但真正見識一個熾熱社群，應該是第一年跟網路行銷玩家創辦人阿石到美國 Dallas 參與 Funnel Hacking LIVE 時感覺最震撼。他們的族群叫作 Funnel Hackers，而他們真的會為 ClickFunnels (CF) 這個 SaaS 的軟件尖叫。(對呀，為一個軟件尖叫 !)

看一看他們的隨身物件，你會見到他們穿的 Tee 是 CF 派發、電腦的外殼貼有「We are funnel hacker」的貼紙、連潤唇膏的蓋也有 CF 的 LOGO。途中有人問我手拿的那件 Tee 在哪裏可以買到 (其實是大會隨機派發的)，他想跟我交換去集齊一套。

猶記得 CF 創辦人介紹正在開發的某些功能時，觀眾除了拍掌及吹口哨外，有些甚至會尖叫，就為了這一個軟件，我也懷疑自己是否加入了一場邪教聚會。

事實上，一個品牌有一班忠粉是非常幸福的。除了替你宣傳，我覺得更重要的是會擁護你，會主動替你辯護。初初加入 CF 的臉書群組時，有一些新來的人說 CF 比不上另一個軟件。不消 30 分鐘，多達 200 個回應 —— 有些是很理性的替 CF 辨護、有些則是人身攻擊留言者。

可能你會覺得人身攻擊者不對，但假若有一班忠粉能為你這樣做，也是一件幸福事。我覺得建立社群是絕大部份生意都應該執行的策略，特別是現在這個好惡明顯的年代，更加感受到其價值。

建立社群一點也不容易，什麼「輕輕鬆鬆建立 10 萬忠粉」—— 這只是賣課程給你的人的宣傳字句，只要你稍為問一下有這個級數追隨者的人，你不會聽到「輕鬆」這兩個字。

AKB 48（日本大型女子偶像團體）據說第一次聚會只有 7 人出席，但製作人秋元康相信粉絲需要一個一個慢慢培養，於是舉行很多直接與偶像面對面的劇場，自此更出現了 「握手會」，產生了黏著度與忠誠度極高的粉絲。

經常有個迷思，究竟社群是多人好，還是越精準精好呢？

在我來說，精準的目標客群會是我的首選。說到尾，粉絲質素決定你的事業是否有機會成功，內容深度正正決定了你的粉絲質素。你的社群若是對八卦消息很重視，你不可能預期會有持續深度的交流。

我記得當初個專頁 100 個粉絲也沒有，卻因此得到兩位客人。

不需要為了粉絲數字少而不快，我也只有很少粉絲卻仍然生存至今。最重要是你跟粉絲的關係有多親密！

粉絲少的好處在於你可以更了解每一個人。如果你對了解他們沒有多大興趣，你可能不太適合做社群。根據自己參與及建立自己社群的經驗，若你沒有心及時間去了解群眾的話，真的不要營運社群，絕對會是一份苦差。

也許最直接建立粉絲的方法是持續產出內容，是汗水與痛苦的產物。當我開始時，我把自己學到的 SEO 技巧放上，當時大部份追蹤者都是自己會做 SEO 的個體戶，即是說，我是難以賣 SEO 服務給他們的。

我暗地裏很想賣服務給他們，但知道他們不是目標客群，心態上開始變成交流群。跟他們交流後，啟發了自己應該製作教學，而不是售賣服務。所以，若你可以跟他們有深一點的認識，你對自己能賣出些什麼會有較高的把握。

粉絲是絕對會感受到你對他們的重視的。我有一個支持者，素未謀面，但基本上每次有課程或 Patreon，他都會即時課金。

我曾經問過他為何持續買，他說：「純粹覺得你知道我的難處在哪」，又謂我寫的方法幫他解決了不少問題，而我其實也不太記得自己說過些什麼話了。

最令人意外的是，有多次都是有些人付了費買自己的課程，但從來沒有出現過在登記頁。我曾經用盡方法去聯絡這些人，但就是沒有回應，他們是單純的付費，然後就消失在人海了。

就在我寫這本書的時候，收到一個私訊跟我說：

「小弟想鼓勵下你寫書，順便已經想要一本 怕賣完， 如果出咗記得留本給小弟！」

他們連書的內容也未必知道 ......

要建立社群，你一定要踏踏實實參與社群，跟他們展開對話，而不是當他們是一棵棵搖錢樹。建立關係需要時間，心機及努力。

一個小跳步是加入現有的社群，像我沒有耐心重新建立一個社群，找行業相關的社群加入。接著先觀察一下整個社群的風格及文化，然後才開始加入討論及參與。

最好的方法當然是給予社群需要的幫助。 我也不知道是否常識，很多剛入社群的人一進來就賣自己的產品，這必然不會成功。當你幫助到足夠多人，自然會在社群中建立名氣。

《超級粉絲》的作者 Pat Flynn 是一個非常成功的數位行銷專家 ，亦是 “Smart Passive Income” 的創辦人。他只用了 3 個月，成立了一個過百萬的粉絲的專頁。他說如果情況許可，盡量令用戶參與你正在進行的工作。

最近建立了一個新的登錄頁，我公開了初稿，並希望粉專追隨者幫忙給予評語。結果比起預期意外地多人給了反應，而當中亦有些深刻洞見。明顯是他們花了時間去看，觀察到我忽略了的東西。

當然，每個意見我也有認真的看、認真的給予回應。當群眾知道他們的意見得到接納，他們會跟你更靠近。建立社群不易，但可以參考別人如何做，減低試錯時間。對於建立社群，我推薦《超級粉絲》這一本實用的工具書，不論你的粉絲只有 1 個，或已經有 10000 個，你都可以得到實際及可執行的建議。

學懂借力

這個詞語人人都明白，但下手執行做就一點也不容易。

很多教銷售的書都會跟你說，可以跟有相同客群的人組成聯盟以達致雙贏，最近我們跟公關公司一起向客人推銷，主要原因在於公關公司希望客戶的新聞稿可以因著我們的服務，得到更大的網上曝光。

不少書本都會教你找到你的上游便可以，例如我是教彈琴，是否可以跟賣鋼琴的建立伙伴關係，畢竟有了鋼琴才可以學琴吧！

一般人都會覺得上游已經賺了，所以會比較容易介紹客人給下游吧！但事實也不一定。正如 SEO 的前題是要有網站，我也找過不少網頁公司合作，但真的沒有多少能長久合作。很多時候，客戶會有一個總預算，就當是 30 萬吧，然後網頁公司可能已經用了 20 萬，只會留下 10 萬給 SEO 公司，還要給佣金。

自從能找到客戶以後，我很少找上游公司合作。

其實不難理解，你是上游的話，你也應該想賺到盡，所以很多時候都會給下游相對苛刻的合作條件，可能是較高的轉介費用，或要提供更多的額外服務。

社會教會我，沒有人會無緣無故對另一個人好，經商不是做慈善，每個人也在為自己的公司盤算，所以有一點戒心是絕對必要。

要「真雙贏」 很講運氣，我也摸索了很多年才找到真雙贏。

話說很多年前我開了一間網店，當時跟一個打著「幫年輕人的旗號」

供應商攞貨，是我們的上游，他表示大家是坐在同一條船云云，最緊要 WinWin。

年少無知的我，沒有研究清楚，就進了 6 位數字的貨品，事實上他所謂的批貨價，已經加價了不少，沒有數期[1]之餘，亦令我的毛利非常低。而他們就只是不停叫你再入貨、擺展覽、架網站，但成本全由我去承擔。

他們是先穩賺了，我倒是賠了不少時間、人力資源，這就不是「真雙贏」。現在聽到要「WinWin」我都感到伏伏地 (會踩雷)。與人合作該是雙贏局面，而不是商場騙子粉飾佔便宜，或無償工作的藉口。

「真上游」真的存在嗎？

我覺得沒有真上游，只有賺錢共同體，讓我解釋一下：

最近找辦公室，因為也要一點裝修翻新，自己沒有認識這些公司，所以問相熟經紀是否有介紹，結果他介紹了一間裝修公司。

由於經紀的佣金一早已經訂好了，所以從這單交易上也不能再賺更多，而裝修公司就可以跟租客訂價 （當然一定有回佣），上游就跟據裝修費用總額分成，這就是真正的「街外錢，一起賺」。

問過裝修公司，她花了 10 幾年建立這些關係 —— 只做經紀熟人盤，從不賣廣告。

至於自己，我很喜歡別人欠我人情，倒也寧願合作伙伴賺得更多。除非真的要我花很多時間處理，一般來說都很少要回轉介費的。

六個方法把自己推銷給有影響力的人

若要把行銷效果發揮得更好，還有一類人要特別注意，就是所謂

數期[1]——「支付期限」。例如，一個供應商可能會提供「淨款 30 天」的支付條件，這意味著買家需要在收到商品後的 30 天內付款

的 “Amplifier”，他們很多時不是最終客戶，但他們可以影響最終客戶群，放大你的行銷成效。我覺得真正的「影響力」應該用吸引了多少 Amplifier 為指標。

總會聽到朋友葡萄說：「其實那個人教的東西真的很普通 ...... 我也懂 .... 只是他宣傳做得好 ...... 很多噱頭 ......」

《成功竟然有公式：大數據科技揭露成功的秘訣》提出的成功第一定律：「你的表現為你帶來成功，但如果表現的優劣難以判斷，則是人際網絡為你帶來成功」，因為「成功的關鍵，不僅僅在於你自己或你的表現本身，更在於人際、在於眾人對你的表現有何感受。」

若你有幸被這些 Amplifier 加入到他的網絡，就算跟對手是在同一個知識水平，你也會突然領先很多 ...... 是真的很多。我記得生意高速增長的其中一個時期，就是現在轉型為旅遊 KOL 的時景恒先生把我推薦給他的朋友。

Amplifier 可能是 Podcaster、記者、網誌作家、意見領袖、Youtuber 等，就是擁有自家網絡的人。

至於如何針對他們作行銷呢？以下是六個方法：

1. 留意向他們作出貢獻的機會

對於意見領袖、網誌作者、作家，我的做法是持續關注他們的動向，看是否有貢獻的機會，然後跟他們聯繫上。我比較喜歡私訊他們，問他們領域裏的問題，看是否有繼續聯絡的可能。

最近 SEO 專家 Ivan So 有新書預購，我當然立即訂閱，當我見到訂閱表格有備注後，我想到的當然是抽水，我是這樣寫的：

「請於書中寫：『我真的好佩服 Ringo 的 SEO 技巧，他的 SEO 隨時做得比我更好！』謝謝！」

而大方的 Ivan 不但不介意，還在他的專頁分享我的要求，讓我可以刷一下存在感。幽默感在社交媒體真的很重要，各位不妨輕鬆一點，想想有沒有什麼可以借用。

說回正經時，若果跟這些領袖不太熟，我也試過用以下的方法：「痴漢策略」

記得 7 至 8 年前剛開始進入這個行業（創業初期，什麼都沒有，唯獨時間比較多），有好幾個台灣的同行已經有相當名氣，我當然想跟他們連繫上。但他們已經有相當的知名度，私訊也得不到回應。於是，我採取了「痴漢策略」，不論是他們發表網誌、Facebook 發文，我也會第一時間留言。

當然不是回應那些「寫得好好」、「多謝你」等廢言，而是讚美之餘亦加入個人意見，終於 3 個月後，引起了其中一個 KOL 注意，我發現其中一個 KOL 轉發了我的文章， 到現在還保持定期交流。

2. 贏得比賽

就算是意見領袖也好，很多時間都要賣出產品才能生存下來。而他們絕大部份都會有自己的聯盟行銷系統。你可以加入他的系統，並替他銷售產品，可以的話，爭取贏下最高銷售額。

這個方式比較適合那些已經有自己名單的朋友，我參與過一個外國社交媒體 KOL 的產品發佈行銷活動，替她銷售她的教練課程。

我利用自己的名單替她銷售，賣出了一些課程，但當然遠遠未能贏出，但她發現了銷售的結果出現了香港台灣等地，於是主動跟我聯絡，並作出了不少交流 （例如行銷文化在這兩個地區的不同之處），也被邀請到她的 Podcast 分享(雖然最後取消了)。

3. 舉辦私人聚會

就是自己邀請 4-5 個目標人物私下聚會，可以是晚餐、也可以是早餐。朋友 Hilton 經常用這個方法邀請他覺得有趣的朋友一聚，雖然他是財經人，但邀請的人真的包羅萬有：做生意的、純投資已經退休的。他的標準是邀請的人必須願意分享，這樣才能夠促進交流，餐點當然是由他支付。

4. 推銷作家

很多意見領袖都可能是作家，而作家相對會較樂意跟讀者溝通，畢竟他寫書的其中一個目的就是跟更多人分享吧！

我就是這樣跟不少台灣及國際的同行聯繫上，其中一個是《Product-Led SEO》的 Eli Schwartz。

我在自己的網誌寫了他新書的書評 《Product-Led SEO》，並在

LinkedIn 感謝他寫了一本好書，也提及會在自己的專頁中推介他的新書。最後，他跟我連繫上，並介紹了其他的同行朋友給我。

最近看了 Douglas Vermeeren《一天工作 6 分鐘》，閱讀完後，我主動私訊他，感謝他的努力。不到 1 小時，身處加拿大的他立即回應，並私下交流了幾句，還託我寄一本中文版給他。故事還未完結 —— 兩天後，他主動邀請我加入一個私人群組，內有不少行銷公司老闆，說若要發展中國市場（顯然他未太清楚我的市場）就可以跟我談談。

5. 邀約他們做專訪

外國很多人會採用訪問的形式，例如會大規模訪問相關領域的人，邀請他們到自己的 podcast，從而在他的行業裏建立知名度。當你能夠邀請越多人接受訪問，久而久之就會建立人脈，他們也許會留意你或你的產品，幫助把它推廣。

6. 找記者做訪問

至於記者，則可能要先清楚自己是否有一些有新聞價值的題目、內容或當下熱話，然後才聯絡上會比較好。如近日 ESG [1] 算是比較熱門的課題，我們就問客人有否提供 ESG 相應的產品或服務，就算沒有也叫他想一個。

這個部份就有點像公關，我不算太專業，各位不妨問一下公關朋友如何知道記者的口味。

ESG [1] —— 企業社會責任 (Environmental, Social and Governance) 的縮寫，也稱為可持續性投資。它是指在企業經營管理中，考慮到對環境、社會和公司治理的影響，以及與這些因素相關的風險和機會

運用聯盟行銷要注意的六點

聯盟行銷 (Affiliate Marketing) 運用得宜的話，效果可以是幾何級的生意提升。Amazon 當年都是透過 affiliate 不斷成長，我當年也是靠成為 Amazon 的 affiliate 賺取生活費呢！

最簡單的理解為網上轉介 / 推薦系統，假如 A 宣傳你的網站，而令 B 有實際購買，那你的網站就會給 A 佣金。想像一下，你在網上有 200 個 A 替你宣傳，你便有一班超級銷售大軍。

你可能都曾經接觸過，不少信用卡或股票帳戶都有這種操作：「成功介紹朋友開戶，你將會獲得 XXX」其實就是一種 Affiliate Marketing。

很多朋友聽到這個模式，都會想使用，因為覺得沒有什麼風險，只有在銷售時才分成，但成功機率極低，大部份都低估了其工作量。

自己曾經設立過，亦替客戶設立過 (曾替客戶達到 100 萬美元銷售額) 不同的聯盟系統，相當清楚當中的難處。

以下是很多人會忽略的部份：

- 你要花很多時間招攬 Affiliate
- 你的產品最好已經有一定知名度
- 要鼓勵 Affiliate 替你銷售
- 要令銷售變得容易
- Affiliate Thief
- 你控制不了 Affiliate 用什麼手段去賣

1. 你要花很多時間招攬 Affiliate

要令你的聯盟行銷計劃成功，你的聯盟行銷計劃本身要具有吸引力，才可以吸引有影響力的 Affiliate。

若你想更多人替你推銷，吸引的佣金是免不了，天下沒有白吃的午餐。

2. 你的產品最好已經有一定知名度

因為 Affiliate 最終的目標都是賣出更多產品賺取佣金，他們一定會選擇比較易賣的產品，若你的產品已經在消費者心目中有一定的知名度，他們會更容易選擇你的產品。

3. 要鼓勵 Affiliate 替你銷售

因為 Affiliate 本身不是全職替你工作，他們沒有義務一定要為你工作。因此，Affiliate 的流動率相當高（當他試賣第一次不成功，很可能就沒有第二次了）。

自己在網路創業的前期，參與了很多聯盟行銷網路，就是覺得這個產品沒有銷售、那個產品不行，於是每個星期轉一款產品，對推銷的產品沒有忠誠度可言。

4 要令銷售變得容易

很多人都不是銷售員，對於推銷產品可能會極度難為情，因為有一個心魔：

「我推銷這個產品是有佣金的，有點私利，朋友知道後會怎樣想？」

這個心魔我也有，在最初進入這個行業時，我在自己的網誌推銷過一些 SEO 軟件，每一個我也有 50% 佣金的，但我知道自己打從心裏只想賺錢，推銷時總是帶點愧疚。

不要忘記，推銷時要賭上自己的名聲去推介產品，其實也有成本的。要令更多人熱情地推銷你的產品，你一定要替他們解決這個心魔。

唯一的方法就是 —— 製造一個對雙方都有利推銷方案。

有些聯盟行銷計劃會請專業演員錄製影片、提供多款已設計好的橫額，等令銷售變得容易。

5. Affiliate Thief

這個是發生在朋友身上，朋友的產品是 SaaS 軟件，標榜 60 天不滿意原銀奉還。 騙子看中了這一點，進行詐騙。

說是詐騙是有一點嚴重了，但的確令朋友損失了不少錢。

情況是這樣的：Affiliate 數期是 30 天，即潛在客戶只要用信用卡付款計起 30 天內不退款，Affiliate 便會得到佣金。

於是 Affiliate 便利用這個漏洞，不停找朋友作登記，30 天後便會收到佣金，然後第 40 天開始便要求退款。因為退款率越來越高，這個漏洞是大概 3 個月後被發現。

當然，可以責怪朋友在設計這個佣金制度時不夠嚴謹，但可以理解：

「一般 Affiliate 若要等 2 個月才拿到錢，他們肯定不會太起勁為你宣傳，所以 1 個月是相對安全的做法，只不過就是遇著這些鑽漏洞的人，也只能怪自己不幸。」

最後，他把退款承諾縮短到 30 天，但這又影響了客戶試用的信心……

6. 你控制不了 Affiliate 用什麼手段去銷售

Affiliate 的目標只有一個 —— 賺錢。

所以，只要能賣，他們便會採取任何手段、任何形式去賣，而有機會影響你的品牌形象。

曾經有一個 affiliate (B 君)，他的銷售額不俗，而採用的方式一向是正面的，都是用自己的個人網絡向朋友推介產品，所以我們對他的銷售手法都很放心。

一段時間後，一天客服收到一通忿怒的電話，叫我們不要再用垃圾信息轟炸他。一下子，我們也不知哪個地方出現問題。同一天，再收到兩通電話，還說要向政府機構投訴云云，這下子我們要認真調查了。

原來就是B 君把陌生電話強行加入 WhatsApp 群組，然後進行銷售。

我們公司本身當然不會同意這種手法，但在被強行加入的人眼中，他們只會當作是公司官方做的宣傳行為。最後，我們跟 B 君擬定了一系列不能採取的宣傳手法。

另一個曾經出現的情況是：誇大了產品功能。這個情況也是在出事後才知道的。

客戶致電客服，問為何服用產品了一段時間，一點效果也沒有。他說我們的銷售員 (C 君) 說可以治療 xx 並截圖給我們看。事實上，我們的產品不是藥物，不能用作治療用途，我們也只能退錢作罷。

幸運的是沒有令顧客健康受損，但已經令客服受到不必要的投訴，C 君結果是被開除了。

做 Affiliate Marketing 要成功，審批誰人可以成為你的 affiliate，及為 affiliate 提供合適的訓練是相當有必要，否則你的損失可以是致命的。

客戶轉介要看準時機

轉介來的客人成功率最高，相信不需要解釋，因為是借了轉介人的信任度，但要獲得轉介，其實也是要看準時機的。

畢業沒多久，曾經被新晉保險經紀朋友推銷保險，都是在兩小時內不停問一下你的人生、將來、然後問到你懷疑人生。

最後，因為真的覺得沒有需要，沒有買下任何產品。可能受到保險訓練影響，差不多完結時，他會叫你寫下兩至三個可能有需要的朋友……

事實上，我是滿不願意的，但因為不太懂得拒絕別人，最後也屈服了。

現在看來，是時機完全錯了 —— 在一個錯的時間，問一個錯的人。

正確的時機應該是讓你的客戶滿意後 ， 才是最好時機。保險經紀的最佳時機，應該是成功幫客人拿到賠償金，而不是強迫別人聽完兩小時的推銷後。

有一個跟現有客人拿轉介的方法是抄襲 《Conversion Code》作者 Chris Smith:

現在，當有對自己滿意的客人時，我都會大概問一下：

「如果 1 至 10 分的話，你覺得有多少分，會介紹我們給你的朋友？」

若是 9 至 10 分的話，我便會直接問可以介紹的客人。

若是 6 至 8 分，則我會問他做些什麼可以提高分數，不會再走入介紹的部份。

若只有 0 至 5 分 (真的很少)，我會直接說聲抱歉。

這樣，不僅不會問錯人、也不會令人有被強迫轉介的感覺。

永遠不要低估任何一個人

電話響起：「我是 Jason ，Alan 的朋友，想問一下你的服務？」

我 (心想「哪個 Alan ?」) ：「對呀，我記得，有什麼可以幫助你？」

我哪記得 Alan 是誰，除了自己有面盲的問題外，記憶力差也是一個

致命缺點。

之後，我找遍了整個 WhatsApp 也不知道介紹人是誰。

直到晚上在 Facebook 收到一個私訊⋯⋯

兩年前，他只是一個剛起步的攝影師，也在掙扎著找生意。而他在找我時，其實我已經預期沒有生意談得成，但我希望能給他一點建議。

我也的確花了點時間回覆他的問題，一來是他真的很有禮貌地問，二是我也想能幫助他一點也好。

兩年後，我收到他的私訊，他放棄了當全職攝影師了，認為一個人要處理的太多，他不能好好攝影。

兩年後一句：「Ringo，我給了你電話號碼給我的朋友 Jason，他有些事情要找你幫忙」我才記起他是誰 ......

最後，他介紹了一間公司的行銷部門主管給我（原來他曾經替這間公司拍攝影片），簽了一張曾經是月費最高的合約。

我經常跟客戶說一句話：「就算做不成生意也不要緊，有問題歡迎隨時來找我！」這句話不是客套話，是我的真心話。

記得有一次去泰國的行銷會議，遇到幾個香港人，禮貌上也會互相交流一下。

記得一位有點迷惘的失業中年男士，像是在找自己的職業新方向，希望在行銷會議中有點啟發。對於事業，真的沒有太多意見，所以真的寒暄兩句便算了。一年後，他主動找我，說我幫助了他，找到了現在的工作，現時是一間 80 人公司行銷主管，想找我幫忙 ......

以前我經常叫人創業，但近年少了很多，有時候直接勸喻別人不要嘗試，因為有些人真的不太適合創業。

一年前，有個年輕人問我好不好創業，其實我也沒有表示過好不好，只是叫他作心理準備。途中我曾婉拒他想合作的計劃。一年後，他被 Viutv 邀請分享他的創業故事，由衷地替他高興。

有點令我意外的是 —— 他說是我給了他勇氣，還在媒體面前感謝了我，當然現在也是我的客戶（很勵志，派給我這麼大的高帽，真不懂如何回應）。

像類似的故事很多，我見過很多人都只會想跟大老闆交朋友，但若你是沒有名氣的話，大老闆很難看得上你，而你對他亦沒有什麼價值可言。不妨善待每一位過客，你永遠不知道他們下一步的故事！

同行也不一定打生打死

我是相信同行不一定是敵國，若有追蹤我跟 SEO 專家 Ivan So ，我可以告訴你合作對我們倆都有好處，除了提高了大眾對 SEO 的認知，也令我們的影響力擴大到不同的網絡。

記得跟他聯絡時，他問我：「我跟你是競爭對手， 你不怕我搶你的客人嗎？」

雖然我真的沒有什麼客人，但我覺得市場很大，一個人沒有可能吃得下，所以我想合作會比較好，最少我會少了一個敵人。（當我寫本書的時候，第一個出來說替我宣傳的就是他，很是感激！)

事實上，我相信沒有人會懂得所有行銷課題，有時遇上未遇過的情況，也會請教同行，加速學習。事實上，不少同行都曾經介紹客人給我！

明顯地自己在 Instagram 這個戰場大落後的，於是我就閱讀 More Digital（香港另一著名行銷公司）的內容，希望能提高一點學習速度。

也許你不信，同行是會互相交換生意的，有時遇著特別行業的查詢，自己在這個範疇資源上不足，會直接推介給認識的人，就是會有互惠互利的情況。

最近公司擴張，但怎樣也請不到對的人，於是在不同的媒體下請人帖，意想不到的是收到一個介紹人詢問，她提及剛剛公司面試了一個很不錯的年輕人，若我有需要可以替我聯絡上。令人驚訝的是她是一個曾經對自己

公司服務很不滿的人。

我經常在自己的專頁、甚至在自己的 WhatsApp 推介別人的課程、別人的網誌，可以說策略上我想認識多點同行，但亦因為我見到某些好內容，也會忍不住想跟追蹤者分享。

現在年紀又再大了一點，見到不少年輕同行，也希望可以拉他一把。鼓勵各位為他們敞開大門，有可能的話，提供多一點靠他們自己未必能夠得到的機會，利用你的影響力幫助他們。

你難道不怕被趕上嗎？

怕的，但若自己不進步，遲早也被趕上，他們可以是你的壓力，也可以是推動力。這個行業起起落落，新媒體、新人不停出現，又會消失於大眾面前。但有一點經常提自己是 —— 保持謙遜。

有一句說話很好：「你在走上坡遇見誰，走下坡時也會遇見他們。」

意想不到的生意來源

離職員工是公司的成長引擎之一……

「李老闆，我公司想做 SEO 呀，你會不會有時間談談？」

電話的另一邊是一把很熟悉的聲音，因為聽了他的聲音 2 年 —— 我們一起工作了 2 年。他曾經是公司的同事，但已經離開。

不時有潛在客戶是由舊同事轉介過來的查詢，最重要是成交率相當高，除了因為有他們做說客說服老闆外，還有他們對公司工作流程及產品相當熟悉。

對於同事這些轉介是充滿感激之情的，更令我相信要對現在的同事好。有一天，他們也可能是你的貴人。

定價與轉化

Pricing&Conversion

Chapter 05

5 定價與轉化

提高收費必要技能 — 增加感知價值的八個方法

客人不是在尋找等價交換，他們是在尋找「超值的交易」。想一想你買過的東西或服務，一定是你覺得獲得的價值大於你付出的才會購買。

提高感知價值 (Perceived Value) 等於提高轉換率，也等於可以令你的產品服務賣得更貴。出售高價課程的行銷界大師很多都是提高感知價值的高手。事實上，香港那個激勵大師 B 先生也是這個界別高手。

我也未找到一個較為合適的中文解釋，但大概意思就是「在客人心裏的價值」。簡單而言，提高感知價值就是可以令你定價貴一點，而客人又樂於付出這個價錢，因為他們覺得自己獲得較高價值！

各位有沒有聽過 Technology therapist (科技治療師)?

這是一份真實的工作，由大公司聘請的，各位知道工作內容是什麼嗎？

英文原裝內容：

“Bridging technology to people who are not native”

那即是做什麼？

原來外國有好多高級行政人員或老闆，因為太忙，沒空接觸或學習新科技，但又要跟上潮流 (是否很像某些官員呢 ?)，但最重要的是：

他們怕被人取笑，所以不會問下屬，於是便聘請一個 Technology therapist。

這些老闆需要學什麼新科技？

就是教他們用電腦！

怎樣列印文件！

怎樣從待機狀態叫醒電腦！

教他們用智能電話！

以上一個中學生都懂得做的事，可能你會覺得付 500 元去學都不值，最少我不會請人教我做上述動作。

但這些顧問，合約高達一萬美金一個月。重點不是教老闆如何用電腦，而是為老闆保存面子，而這個面子對老闆的價值相當高。

潤米諮詢創始人劉潤在《底層邏輯》認為消費者可以感知到的價值，包括功能價值、體驗價值、個性價值。

功能價值是最低的感知價值，比如你是賣西瓜的，消費者想買到更甜的西瓜，於是下廣告：「甜過吃甜品」，這叫滿足「功能價值」。

消費者想要隨時都得吃到西瓜，小販就把西瓜切成兩半，再配個勺子，即時享用，這叫做「體驗價值」。

消費者在情人節買西瓜送給女朋友，小販就把西瓜拼成了「心形」並用提子砌成她的名字，這叫做滿足「個性化價值」。

曾經跟一個藝術品收藏家傾談，他分享一件收藏品是否值錢，有以下幾個因素：

1. 稀有度
2. 就算是不是原品，如果有數量限制，也會值一定價錢
3. 藝術家是否在生
4. 藝術品故事 / 歷史 —— 有故事的收藏品，認知價值會被提高
5. 是否有收藏家收藏
6. 若有著名收藏家收藏，作品會升值百倍

以上種種元素都會令藝術品的感知價值提高。

外國對高單價產品或服務有個名詞叫 “High Ticket”。

說的可能是 25000 美金的私人群組，或 35000 美元的一對一指導 (我還未突破到這個價位)，靠的就是在賣產品時，不斷提高感知價值。

若你有留意的話，很多人都會把頭銜寫在自己的自我介紹上，俗套一點，就是間接地告訴別人：「我很厲害」。目的除了推銷，就是提升自己的價值，精準一點說，提升自己在別人心目中的價值。

用自己做例子，我在 LinkedIn 的介紹是：

- 2 Comma Club Winner [1]
- SEO Specialist (SEO 專家)
- ClickFunnels Specialist (ClickFunnels 專家)
- 8 Figure Marketer (千萬收入行銷人員)

看上去好像很厲害，但跟我認識的頂尖行銷人士相比，根本不算是什麼成就。

最近上了一堂關於 High Ticket 的課程，若你的產品或服務，幫助到別人完成他們的人生 KPI，那感知價值便會相當高。

什麼是人生 KPI?

根據層次理論 (Maslow's hierarchy of needs)，人的基本需要滿足後 (第 1 層及第 2 層：例如衣食、工作、家庭、健康得到保障)，便會往上追求更高的需要。

第 3 層：社交需求 (愛與歸屬感需求) —— 屬於較高層次的需求，如：對友誼、愛情以及歸屬感關係的需求。

---

2 comma club winner [1] - 代表使用 ClickFunnels，經過努力後成功賺取了超過一百萬美元的人。"2 comma" 指的是數字中的兩個逗號，也就是賺取了超過一百萬美元。

第 4 層：尊重需求 —— 更高層次的需求，如：成就、名聲、地位和晉升機會等。尊重需求包括對成就或自我價值的個人感覺，也包括他人對自己的認可與尊重。

事實上，很多人花錢是花給別人看，而不是自己真正的「想要」！

第 5 層：自我實現需求 —— 最高層次的需求，包括對於真善美至高人生境界的需求。只有底層四項需求都能滿足，最高層次的需求方能相繼產生，是一種衍生性需求，如：自我實現，發揮潛能等。

你的服務或產品越是針對金字塔頂部，你的定價可以越高，因為越上層的需求，其實難以訂價、難以量化。

大部份高價位教練都不會跟你說：「你跟隨我的方法，你流量將會比現時高出十倍！」。這個是一個實際數字，雖然有說服力，但你仍然可以量化。

人生 KPI 推銷法是：

「若果你跟著我的方法，你流量將會比現時高出十倍，**那你就可以空出更多時間陪伴你的家人，可以幫助到更多人，實現你的兒時夢想！**」

告訴我以下三點值多少錢？

- 空出更多時間陪伴你的家人
- 幫助更多人
- 實現你的兒時夢想

以下是八個可以提升你的產品或品牌在客人心中的價值的方法：

1. 你的定價

貨品、服務價格定得越高，很多人便會覺得它高質素 —— 起初聽起來很令人懷疑，哪會有人這麼膚淺？

但事實告訴我，很多人都是這樣想的！

「你能賣高價，一定是有什麼原因，令你可以這麼有自信定一個高價」—— 他們的想法真的是這樣。

2. 品牌 — 別人買的不是產品、功能或服務

香港有很多 Land Rover (英國頂級休旅車)，但香港有多少越野路段？

就算在美國，國際知名市場調查機構 J.D.Power 在 1996 年進行的一項調查發現，「56% 的 SUV (Sport Utility Vehicle, 越野運動休旅車) 從來沒有駛離過一般道路」。

所以你的品牌代表著什麼呢？

還記得人生 KPI 嗎？

若你的產品或服務能夠令人自我感覺良好，有優越感，價格就可以不同了。

我弟弟是在奢侈品牌內工作，一件 Tee 可以賣三至四千港幣，但他說質料可以比日本某個 U 品牌差很多。

可以說，買的人，為的並不是一件舒服的衣服，而是買一種虛榮感，一種令人羨慕的目光。

以前在摩天輪工作時，總共有 42 個車廂，其中一個是 VIP 車廂，在我看來，除了車廂的透明底部及藍色車廂，不論看的風景、玩的時間其實跟普通車廂都是一模一樣，但價錢呢？

普通車廂包廂是 800 元，VIP 則是 3500，我疑惑真的會有人付這個額外高價嗎？

是真的會有 —— 為數也不少。

因為 VIP 是不用排隊的，想像一下跟女神到場，其他人還在流汗排

隊，而你已經在摩天輪上享受海景了，那種優越感，就是價值了，是否能得到女神垂青呢？

那得靠自己的實力了。

3. 改名字

飲食業用得比較多，例如牛肉飯改稱「牛肉丼」、海綿蛋糕改做「古早味蛋糕」、雞翼轉做「手羽」。同一款食物，改了一個有異國風情的名字，聽起來立即高級很多。

4. 能否快速變現

人們未必可以確切理解價值，但能快速判斷數值。普遍來說，投資課程的價格一般比興趣班更高，原因是變現能力較高。

5. 讓人主動詢問，不要自己銷售

當你越希望得到一件東西但得不到，你更會想得到！

例如法拉利某些限量版的超級跑車，價錢已經是天價，也不是你願意付錢，便會賣給你。但你認為法拉利需要主動銷售嗎？

事實上，是每個買家都會去搶。

在銷售這個環節，只要你一開始主動推銷，你便會處在一個相對弱的位置。

很多高單價的 Inner circle, Mastermind 大部份需要填寫申請表的原因，是令客人說服自己——

基本上是設定成為要用盡方法才能加入的遊戲。

我在和客戶會議時，採取的策略是：我消極地推銷。

很多次開場白也是：「今次開會其實只是想了解你們多一點，因為我也不知道自己能否幫助你」。

而整個會議直至完場，我會分享以前的經驗、他們可能會遇到的問題等，到最後會一臉不在乎加上一句：「你們可以想想這是否你預期的服務，就算不適合也沒所謂。」然後起身離場！

通常第二天都會收到要求報價的電話。

6. 牌頭門面

假網路行銷大師經常透過營造一個光鮮門面(例如跟名人合照、駕駛名車、住豪宅)令你相信他的價值。

我敢說大部份人都是膚淺的(當然不包括我的讀者)，看到這些門面功夫，便會覺得真材實料。如果你在行業一段時間，你會知道很多所謂「最佳」、「最有價值」實際上只是買回來的頭銜，跟他的實力沒有直接關係。

雖然我不鼓勵買獎項，但這的確算是一個比較直接提升感知價值的方法。

7. 推薦或名人加持

有一段時間我是不問價錢，只要是 Tim Ferriss 推薦的，我都會買。因為我深信 Tim Ferriss ，所以凡是他推薦的，心裏已經會提高了價值。

近期爆紅的作曲家林家謙本身是個 IT 人，透過向台灣歌手林宥嘉自薦，最終促成合作，然後逐步走到香港藝人 JW, Eason 等等的網絡。

「寫歌給林宥嘉是因為他是我的偶像，我在社交平台發送 Demo 給他，好像寄履歷去應徵工作一樣，你不會預期每間公司都會回覆，但他真的回覆了，好記得當時我在灣仔正在吃一碗麻辣米線，收到他的私訊那一刻我想噴出來。」他說。

其實這方法適合所有產品，但不容易，可能需要厚一點面皮。

8. 把「花費」變成「投資」

把你想賣出去的產品 / 服務，變成一種看得見的投資，即買家會一種收回預期投資的「感覺」。這個「感覺」可以借由一個清單呈現出來，不妨花一點時間，想一想你的服務可以替客人達成些什麼 —— 我自己有一個「100 個你應該做好 SEO 的理由」清單，寫下了接近 70 個做 SEO 的理由，有理性的原因 (你不用再害怕 Facebook 突然封鎖你的廣告帳戶)、也有感性的原因 (令你更有面子，令別人認同你是某行業的專家)，在不同情況下拿出來用來說服潛在顧客。

例如海外買房地產的回報清單：

實際上：

- 賺取租金
- 分散投資以保障資產
- 抵銷稅款
- 擁有多一個居住地點
- 取得多一本護照

心理上：

- 令朋友羨慕
- 也算是擁有物業

若沒有清單，他們可能會想像不到商品 / 服務的價值。若你賣的未必能以金錢回報衡量，也請詳細列出客人可以得到的回報 —— 例如更安心、更安全、更方便、更快樂、在朋友之間更有面子、提高老公在老婆心目中的位置等等。

若你是賣產品的話，不妨把產品加入資訊內，令人主動追問產品詳情。

例如你是賣求生刀的，可以出版一本求生指南，教讀者如何在極端惡劣情況下生存，而求生刀只是生存手段的一部份。

每一個男人都相信自己是萬能俠，都市傳說令人覺得男人一定要懂得修理冷氣機、換鎖、開鎖、甚至一定要懂得修理車輛 …… 我相信了這個傳說。

前一年參加了「裝修佬」的一日課程，內容是教你家居的維修，一天內你可以體驗 50 種維修工序 —— 批灰、開鎖、鑽孔、安裝鎖具、上油漆、拆水龍頭等等，你是可以親手嘗試的。

課程中，導師會教導你用不同工具完成某個項目，你突然好像變專業了一點。上完課後，其實又怎可能比得上多年經驗的老師傅？但比起在街上隨便買，你會更相信之前導師提及的工具，而如果你需要裝修諮詢，第一個會問誰呢？

成為萬能俠是目標，他們的工具/產品只是幫助你成為萬能俠的一部份。

事實上，食店也可以運用同個方法。大家一定吃過串燒，通常就是給你一張點餐紙，然後根據自己需要下單。

我不懂下廚，但我知道要燒雞脾菇要多汁，先塗一浸雞油再燒，汁便會被鎖上；雞大腿內側原來這般美味；燒菠蘿前加上日本的三溫糖，那種甜會變得很自然；「提燈」[2] 的燈為何會比一般的蛋黃更有味道 ……

這些資訊是一間我經常去的日式串燒店老闆教懂我的，他賣的是串燒，但我在他的店用餐，就像上了一堂識飲識食課，每次帶朋友去，都會令朋友眼前一亮。

「提燈」[2]—— 串燒界的限量珍品，主要是因為量少、取得困難，「提燈」其實就是老母雞的輸卵管、卵巢與連結著未覆殼的蛋黃，由於需要老母雞宰殺時剛好形成蛋黃，數量並不多，再加上老母雞並不是天天殺，所以燈籠的數量總不多。

老闆跟我說，他有很多男客人吃完了第一次，學懂了後，下次就會帶另一半來吃，而立即當上吃串燒的專家(當然老闆便會適時閉嘴)。

不少男性朋友聽過我介紹後，通常也會自己去預約晚餐。

你可以在 Google 找尋潛在顧客遇到的問題，這些問題可能會出現一些論壇討論貼文，或 Facebook 群組，走進去看看是否有其他資訊可以用作包裝你的產品、服務？

如何避免價格戰

你一定避免不了價格戰，但價格戰是危險的，絕對可導致任何公司破產。

只要有賺頭，我相信任何行業不會只有一家服務或產品供應商。我每天也在面對這個問題，來自本地或世界各地的服務供應商都會用一個比自己公司低的價錢搶客，自己在摸索中也學到了不少知識。

傳統的行銷理論 —— 創造優質產品，關注質量，而不是價格，消費者自然能夠分辨。但根據我們應對客人經驗，就算產品比對手更優質，客人也不是那麼輕易分出來。

現時進行價格比較相當容易，只要 Google 一下，誇張一點，器官都可以有價格，很多時讓顧客便直接用價格去判斷價值。

有兩個主要策略可以解決價格戰這個情況：第一個是把產品變得難以比較；第二則是直接把產品賣給對價格不敏感的人。

有 4 個可以參考的做法：

- 把比較變得不容易
- 令潛在顧客覺得不好意思跟你討價還價
- 集中行銷在對價格沒那麼敏感的人
- 跟對手做的不一樣

1. 把比較變得不容易

很多打電話查詢的潛在顧客，查詢前都已經比價過其他公司，可能心裏已經有一套比價標準：

「別的公司提供 A, B, C，你們的價錢是多少？」

我們很少會直接報價，因為單純用一模一樣的東西 / 服務，我們一定輸。所以，我們會這樣表達：「我們有 A, D, E，因為 D, E 才是你公司賺錢的關鍵，B,C 可能在報告上比較好看，但實際上對業務沒有大幫助。」

就這樣，我們把顧客從固有的比較路徑中抽出來，不再變成貨比貨，而是思考價值與回報。

另一個做法則是把自己的服務分成不同的計劃，如類似金、銀、銅，令從跟對手比較、變成比較自己提供的不同選項。

2. 令潛在顧客覺得不好意思跟你討價還價

記得一次跟客戶食飯，他說正跟一個神級演員討論合作計劃。神級演員合作前有一個為數不少的啟動費用，但客戶基本上是費用多少也會付款。

印象很深的一句：「神級演員願意合作已經是我的幸運，還會討價還價嗎？」

這個方法不是人人可以做到，但適當利用定位、名人效應有機會達到這個效果。

3. 集中行銷在對價格沒那麼敏感的人

直白一點，就是直接向有錢人行銷。

承認吧，有些人就是會看錢，看到跟他生命一樣重要，什麼技巧也幫不了你。若你懂得營運像 Walmart 這種薄利多銷的生意，當然可以走這

一條路線！

至於怎樣向有錢人行銷，是一個很大的課題，但最簡單的就是找到他們的聚腳點。根據自己的經驗，這些人在網絡上是難以接觸的 —— 我不會預期他們會在網絡上搜尋資訊找到我。他們一定會有助手或其他人協助買他想買的。

反之我會嘗試找他們的聚腳點，或他們可能接觸的刊物、他們會去的地方 —— 某些商會、MBA 課程、知名大學舊生會等等。

有一本很有趣的書：林義儐 《讓鯨魚上鉤》，作者曾經是皇冠賭場的行銷經理，他的工作是向身價數十億美元的客戶，推銷度假村及一流的娛樂設施。

他分享了這些有錢人的想法，例如白手興家的富豪及富二代追求有什麼不同呢？他們最注意的是什麼呢？若你約他去吃飯，應該吃什麼呢？你應該穿什麼？戴什麼手錶？

舉個例子，他說大部份有錢的客戶相對年紀都會大一點，最希望的可能就是活久一點，那他的財富才可能發揮最多作用。因此，他們喜歡的不是大魚大肉，反可能是健康的食物，當然味道也要超級美味。

而他亦提及很多有錢客人都是轉介過來，就是說物以類聚。

4. 跟對手做的不一樣

例如對手主要在網上銷售，不妨考慮在線下的場景推銷。最近，我們製作實體 Newsletter，主要原因也在此。

事實上，轉換場景本身就會導致認知價值不同。

參加過不少行銷會議，很多也會在普通共享辦公室租借場地舉辦，但也有舉辦者選擇高級酒店。潛在認知會令你覺得酒店應該收取更高費用，就算賣的產品一模一樣。

不要怕加價！！！！

「又加價？」

若你是消費者，當然感覺不好，但若你是提供服務的話，這是一課必修課

1. 價格某程度上反映價值
2. 加價令你提高服務水平及價值

不要怕把價錢調高，真的不要怕。我花了相當長的一段時間才搞清當中的道理。

初入行時，把自己的定價調得很低，一個月 2000 元任做 (當時聘請一個全職菲律賓 VA (Virtual Assistant 虛擬助理) 也只是 350 美元， 我只要有兩個客人已經平損了)。

因為覺得自己經驗不足，也對自己沒有信心，所以把定價開得很低。

結果是吸引了很多查詢，但吸引了很多錙銖必較的客人，最後弄得自己焦頭爛額。相信我，價高價低都會有麻煩的客人。如果都會給你帶來麻煩，為何不選擇多收一點錢呢？

第一個要改變的想法是：自己的產品或服務真的只值這個價嗎？

要知道，你花了時間在低價客人身上，同時也推開了另一個或很多個花得起錢的客人。

另一個悖論是這個世界總會有人純粹因為價錢的高低，而衡量你產品的價值，而不會理解當中你提供的真正價值，這是免不了的。

世界知名的勵志演說家 Tony Robbins 在他把一對一諮詢價錢提高至 100 萬美金時，曾經表示過：「 高價格不單單只是為了錢，而是為了令客人認真執行他的建議。」

據他說，以前他教很多人不同的方法，但跟著他執行的人很少，以至

客人的成功率很低。但假若你開出一個高價、一個會令客人不舒服的價錢，客人便不得不跟著做，以獲得付出的價格，至今，成功率達 100%!

若你把價格開得低，甚至會令人質疑你的工作質素呢！

Dan Kennedy 說過他是怎樣開始訂價：以前南丁格爾（自學成長機構）價格是 10 美金一片 CD, 令業界以這個價錢為標準，覺得這是自學相關產品價錢範圍，但 DK 一開始就賣 30 美金 一片。

有一個網路行銷專家經常提及的概念：

“Those who can spend the most to acquire a customer win（能夠投入最多資金以獲取客戶的人是贏家）.”

高利潤可以令你有能力花費更多錢做行銷，令你有更多資源做好售後服務，同時可以令顧客的體驗更好。

事實上，我們往往忽略了很多隱藏成本。以我們做 SEO 為例，除了基本操作的工作外，還可能要花時間做報告、資料分析、更深層次的內部協調等，高利潤令你有更多資源來處理這些額外工作。

我們常常害怕被人批評價格過高，但想深一層，可能他不是你的目標客群，又或你還未能好好把服務價值展現出來。

但怎樣才能拿捏最好的價格呢？

矽谷創業大師 Paul Graham 的說法值得參考：

「關於定價：當買家抱怨但還是付款時，你已經找到了適合市場價格。」

你的客人夠痛嗎？

那時已經走了 80 公里，還在麥里浩徑的第 9 段，我的腳趾已經痛到令我每一步都要緊握拳頭，吞了 4 粒止痛藥，也絲毫減不了痛。氣溫只有十多度，汗卻在猛流，花在忍痛的力氣比起行走的力氣還要大，但還有 20 多公里要走。

不用脫下鞋子，也沒有勇氣這樣做，我已經知道腳趾異常腫大，也肯定因為走得太久令腳趾甲在互相磨擦下流血，每一步如像刀割。

很後悔沒有買下一對較好的爬山鞋去參加一趟 100 公里的毅行者活動。我一瘸一拐的步行，身邊的隊友問：「你還好嗎？還撐得下去嗎？」

心裏想：「媽的 .... 還有多久才完？」，當然我沒有這樣說。

我勉強擠出輕鬆的表情：「沒事 ....」

而隊友應該看出我很有事。

如果，當時路邊有一粒特效藥，又或一支止痛針，可以一下就令人完全沒有痛的感覺，就是一萬元一粒，或要賣腎換取的話，我也毫不猶疑會拿出信用卡。

學寫文案其中一個啟發，是了解到為何許多人都知道問題的出現，明明放在眼前已經有一個解決方案，但就是不買。

人有一種惰性，就是死到臨頭才會行動 —— 問題還未算很嚴重，他們就覺得可以多撐一會。

一句說穿 —— 就是未夠痛。

讀書時，你一個月前已經知道要考試，但 90% 的人都會像我般做 deadline fighter，到了考試前一天才開始努力。

一個不常運動的人，突然擁抱運動會是什麼時候？

通常是身體、感情出現嚴重問題的時候。

記得以前有個朋友不油膩的食物不吃，胖了 20 年，接近 250 磅，直到有一次突然暈倒，昏迷三天後，開始做運動。現在他比我瘦，有六塊腹肌。

若痛得不夠，不夠入心入肺，不夠令他懊悔，沒有人會作出改變的。最近有一個令工作夥伴改變心意的案例：

因為要搬遷辦公室而看了不少租盤，有工廠大廈、有商廈。除了價錢的考量、景觀、裝修外，還有一個要點：內廁還是外廁。

我的顧慮是，內廁要自己洗，你很難立即叫清潔阿姨洗。還有那種令人尷尬的情況 —— 你剛剛大解，有少許臭，同事是下一位使用者，他真的

能平心靜氣去使用，而你又可以不失尷尬嗎？完事後他又不發一言？

我真的很怕同事會背後談論：「老闆最近腸胃不是太好 ....」、「他平常吃什麼，大便這麼臭！」

而當我問大家是否真的能接受內廁，令我意外的回應是：

「內廁更好，因為可以放自己的私人物件、自用的洗手液 .....」

「內廁同事會使用得比較小心⋯⋯會愛惜地用 !!」

「怎會在公司內大便？九成都是回到家裏才大解。」

甚至有男同事表示：「洗廁所我真的 OK⋯..」

我聽到後，真是十萬個黑人問號，甚至夥伴也說：「其實內廁也 OK 的。」

基本上我就是被人圍毆，毫無招架之力 ......

我幾乎讓步的時候，一位朋友救了我 ...... 他對我夥伴說：

「你的男同事可能會離職 ...... 不要說離職，就可能只是他去一個旅行，你猜猜誰要負責洗？我相信「李」老闆一定不會 !」

所謂「痛」就是要貼身，在同事想像到自己有可能做那個清潔員後 ...... 他改變了自己的想法，重新考慮。

想一想在你的文案、產品介紹、小冊子裏，是否有放大潛在顧客的痛點？

大家有沒有劉刺的經驗？

你要做的工作就是在劉刺的位置，用盡全力按下去，令他痛得流眼淚。

事實上，很多產品都是要客戶夠痛才會立即買，就是準客人感受不到那種切膚之痛的話，他們會說「我想想」。

聽過一個外國賣警鐘及保安系統的公司誇張做法：

Day 0: 找人破壞一間屋的花園，當然是不可能找到兇手是誰

Day 1: 鄰居知道後便會感到受威脅

Day 5 ：警鐘及保安系統的公司會跟他們宣傳保全的重要性

若你是鄰居，你會否立即覺得有安裝的需要呢？

客戶故事是一個經常採用的策略，你最好為自己的目標客群製作不同的故事，以配合他們所面對的問題，放大他們的痛，令他們對你的產品或服務有更迫切的需求。

《Ask》的作者 Ryan Levesque 提出 3 個我覺得很實用的問題，直接了當知道痛點、問題的困難度、哪些是潛在顧客：

- 說到 XX ，你現在面臨最大的問題是什麼？
- 具體來說，你已經投放多少時間去解決這個問題？
- 你為解決這個問題已經投入多少資金？

你的文字要令潛在顧客再想深一層，若不立即採取行動會有什麼後果？更重要的是你要解釋令他知道：

1. 什麼都不做 ，會有什麼問題發生
2. 平價的解決方法可能會有的問題
3. 自行解決可能會出現的問題

自己經常會瀏覽討論區，特別是連登，因為你真的可以從中找到毫不掩蔽的痛點。討論區是匿名，你會找到很多不同角度的痛苦。特別是內心的描述，往往無法透過朋友或 focus group 訪談得出。

最近有一個客人是賣成人玩具，我們也是從討論區找出痛點，因為很多話題不匿名是很難開口的，例如很難承認另一半未能滿足自己，我們便從貼文當中找到背後的原因及脈絡，從而帶出賣點。

我們經常有個先入為主的觀念 —— 以為真的很了解對方，但其實還差得遠呢！

客人比以前有更多的懷疑

朋友很熱衷買健身器材，當然不是在健身房看到那種，而是家用系列。每次跟他去看健身器材，他都會問銷售員：「這個怎樣用？這個跟那個比較如何？」

銷售員解釋了一番，朋友一定會補多一句：「這個是否真的有效？」

銷售員當然不會直接回答，而是解釋一輪其運作原理，然後有什麼認證、哪個 KOL 都推介過等等。

這個情況也出現在我的客群：「用你的 SEO 服務，就一定在 Google 上排列頭三位嗎？」

連醫生都會被問：「做了手術，是否就能夠康復？」

因此，出現了很多「不成功、不收費」/「保證你 XXX，否則原銀奉還」。當然，99% 都會有很多鬼條款。

每個人都知道，除了「死」以外，哪有一件事情是絕對的？哪有一個服務能絕對保證成果？

但偏偏客人買的其實是「絕對及肯定」，不論你提供的是服務還是產品。若在你的行銷當中，能帶出更多的「絕對及肯定」，對提升成交必定有幫助。

若你是賣減肥產品，顧客要的是「有效果」，你的產品成份或包裝並不是最終的考量。只要你能肯定的告訴客人成效，那你在銷售上便沒有任何問題。

因此，你要減低客戶眼中的不確定性，「保證」是一個可行的方法，見過幾個有說服力的保證：

枕頭 —— 若這不是你睡過最好的枕頭，我會退款之餘，你亦可以繼續保留枕頭

課程 —— 若你跟著做，一元也賺不到，全數退款 (No question ask)

減肥 —— 一天減五磅 (我心想：除了「割」，可以怎樣做到 ?)

生意諮詢 —— 若我的公司服務不能在六個月內提高你生意額 200%，你一元也不用付款，我們還會給你十萬元。

壯陽藥 —— 保證吃下後 30 分鐘，硬足 24 小時！橫衝直撞無問題！

「保證」不等於誇張失實的行銷文化。

「給我七年，我會令你成為千萬富翁 !」—— 這是我初接觸直效行銷時的推銷詞。

三年前：

「給我三年，我會令你成為億萬富翁 !」

今天 …… 又收到類似推銷：

「給我七天，你將會成為億萬富翁 !」

相信到了今年年底，「給我 24 小時」應該已經可以成為億萬富翁。

行銷人有個傾向，似乎承諾越大 (bold)，就會賣得越好。不止賺錢這個界別，幫助別人減重、找伴侶、改善寫作技巧的承諾都越寫越誇張。

越寫越誇張 ——「24 小時減七磅」，用黃子華的回應：「是否靠割肉 ?」。

誇張的承諾好像會令你更容易銷售。但事實上，潛在顧客已經開始無視這些所謂的承諾 ，因為大家都看穿沒有什麼可能達成。

我的推銷軟文似乎比較保守，原因是我自己曾經是受害者，也因為工作接觸到不少要洗白的查詢，若一開始你吹噓得太誇張，要花在洗白的錢，可能比你賺的更多，修復品牌比你想像的難。

除非你的生意打算只玩玩一兩年，若要跑長的，真的不建議走這個方向。

若你不能提供保證，怎麼辦呢 ?

我每天都會遇到這個問題，若你知道 Google 的運作，你應該知道排

名是不能保證的，因為就連 Google 都表明過，也不能保證自己的網站可以在排第一名。

我的做法其實跟醫生的說法差不多，大致如下：

「我真的不能給予排名的保證，但根據經驗， xx % 的客人會有這個效果。而我可以保證的，就是我會用 xx 方法去做。完成工作後，你的網站表現一定會得到永遠的改善。」

「若有需要可以參考跟你差不多 xxx ，他跟你的情況有點相似，有需要的話可以跟他聯絡，你會明白更多……」

說那些你「肯定的」，讓他們自己決定，是會有人因此而卻步的，但之後的爭執會少得多。

ORM (Online reputation management) 、ZMOT (Zero Moment of Truth)[1] 其實就是在做這種行銷工作。第三方說話也是一種佐證。事實上，它不是什麼新東西，一路以來的打手、網路水軍做的就是這項工作。

當然，現時難度比較高，比如一些熱門論壇的帳戶不容易開。這些帳戶有價有市，有人亦以此維生。

若你留意本書一開始的聲明，我是在趕客的，反著來走，其他文案也是抄 Frank Kern（知名文案師）的做法，效果出奇地不錯。我 2017 年開始賣的 SEO 課程也明確表示：

「通常到了這個部份，不少人都會把價格推到不合理地高，例如價值 HKD20,000，然後不停跟你說：『因為我們是朋友，所以減價。』
但我不太喜歡這一套。

[1] ZMOT(Zero Moment Of Truth) —— 意思是讓消費者在尚未親身接觸到商品以前，就已經透過網路向消費者進行行銷，令消費者主動接收商品資訊 ，例如透過網路知道商品的規格、價格、評價 … 等。

我只會跟你說：『因為我第一次舉辦課程，所以少不免有不足的地方 ......』

到今天還在賣 ....

事實上，在每次的銷售說詞中，我也開宗明義的說明我不能提供給顧客的服務 ...... 而公司業績也真的不錯 ......

與別不同是關鍵，在你的行業是否有些你看不過眼的推銷說詞呢？你是否可以反其道而行去推銷呢？

回應文首提及的公式，若你一開始吸引的是那些要求「速食」的人，只要結果稍為不及預期，你的麻煩便大了。

陌生人說的比較可信？

「我認識內部的人，有內幕消息，明天這股票一定會升，可以買！」一個不算太相熟的朋友跟你說。

但身邊人或家人跟你說：「小心呀！」，你會覺得他們阻礙你發財。

然後你傾盡所有投資下去，通常悲劇由此起。

人有一個傾向，很喜歡「聽別人說」，但那個「人」到底是誰，並不是每個人都會仔細研究。

我去看牙醫前也會在網上查看評論，看看有沒有負評才考慮，但未必會考慮留言者的身份，這也是大部份人的做法。

若你的產品是新的話，這些「陌生人」的說話會變得很重要，但你的產品是否有足夠「陌生人」評論嗎？

你可以找不同的 KOL 合作，也有公司找打手唱好產品，先打好根底。個人覺得應該先做好基本的服務或產品，才開始行銷，最少你的產品真的要能讓自己過得去，也能讓別人過得去。

別忘記產品最終還是要面對客人：好的產品可以靠行銷放大它的優

點，但壞的產品，行銷只會加速它的死亡。

有一種公司，花在洗底的預算比行銷多。

創業界有個名詞叫 MVP (Minimum Viable Product)，意思是最小可行產品，原意是先發佈可供基本應用的產品，然後逐步修正。但我發現近來這個方法很容易會在一開始製造大批不滿客戶，而這些不滿會在網上世界流傳並醞釀發酵，對之後的用家影響也大。

像這個情況，建議還是把產品再做好一點才放上市場吧！

當然，現實是會有人刻意負評，或找公司攻擊競爭對手 —— 我們公司偶然會收到查詢，要求提供這類服務。

現在多了客人關注自己公司在網上的評語，我們經常會叫客人預早一步做好防守， 就算沒有被攻擊，也預先發佈中性或正評文章。

最少，在遇到負評時，你也有內容可以推上去，抵銷一點。

外國及本土也有公司專門替別人移除負評，成本也相當高，也需時數月才可以完成，在我來說，這是一種防守的打法。

因此，我還是建議有一套內容策略，找多點「陌生人」定期製作正面內容，保護品牌。

轉化——誰是真正的決策者？

「讓我回家先問問老公？」

這句應該是我做直銷年代，賣兒童英語學習系統時聽過不少次的推辭。(對，就是那些一套售價幾萬到十萬的書和光碟套裝)。

那時的經理教過，賣這些產品一定要叫兩夫妻「埋枱」(一起談)，否則很容易被另一半「踢單」(取消訂單)。你可能花了三小時跟太太傾談介紹，反應良好，但只要一回家，老公看到價錢，就會質問「這麼貴?!」，三小時的努力便會付諸流水。

問題出現的原因是：

1. 太太本身可能是一個差勁的銷售員
2. 老公跟老婆感知的價值相距甚遠

在 B2B 的世界，當然是老闆做決策，但很多時候也未必能跟老闆接洽，我們的目標**反而是找最有能力說服，或對老闆最有影響力的那一個人出來**。

直銷教會我一件事，就是要認清誰是真正的決策者，不要以為「有錢」的那一位一定有決定權。

有一個朋友，月入 6 位數字，但他每買一樣東西，少至幾百蚊的波鞋，大至幾十萬的車，都要獲得太太批准才可以買。明明錢是自己賺，為何會這麼害怕呢？

朋友經常笑他：「用不用這麼怕老婆？」

問清楚後，原來他怕的是另一半「黑面」，買的當下可能很爽，但後續可能會聽到很多冷言冷語，令他十分苦惱。若真的不理解，想像一下為何很多男人買一部 PlayStation 5 番屋企，又要扮作是 router（路由器），然後要再多買一份禮物給另一半吧！

當然，你可能會說，就是要在他走出公司門口前，放下信用卡就最保險。但經驗告訴我，就算這一刻你能令他購買，回家後他肯定會聽到：「又亂買東西？」

你猜猜以後他還有沒有機會再和你買呢？

若你的產品或服務肯定不是一個人可以決定，除了購買者本身已經有充份的購買理由，記緊要替潛在顧客想好說服「另一半」的說詞，以防「踢單」。

加速轉化 —— 七個提高信任度的技巧

轉化 (Conversion) 即是「變現」，很多人把未能轉化看成單純是「價錢不對」、「贈品不對」、「客人有問題」等，覺得會有一個主要因素令轉化不理想，但綜合經驗，很多時候都不是這個情況。

Frank Kern 提及轉化是由綜合一長串因素而來，即不是你單單加減一個元素就會帶來轉化，而是一個綜合的結果。

Direct Response Marketing 的元組級人馬 Gary Halber 提及很多人都想賣東西，但怎麼賣也賣不出，原因在好多潛在顧客都近乎忽略你的銷售內容。

他覺得賣東西就是在誘惑 (seduction)，但在合適的時間、合適的時間、合適的時間 (重要事情要說三次) 提出要求才是重點。

比較俗，用英文說會比較有味道：

Seduction is better with foreplay.

You won't ask for sex when you just met!

但好多人在銷售時，不論在網上或現實世界，一開始就想「要」，但你認為客戶真的會那麼容易就範嗎？

想一想對方是一個朋友，你會怎樣推介一件東西給朋友？你會不停推銷？還是會給朋友空間考慮？

自己看到一件好東西，我會想一想和哪位朋友有關，然後簡單給他發一句訊息：

「好似好正，睇睇 — url」 (好像很不錯，看一看 — 連結)

轉化是在足夠的信任前題下的結果。

轉化最根本的關鍵在於「信任」及 「安全感」，特別在線上購物。線下購物，你可以接觸賣家，你可以到他們的店，跟店家對話。但線上不能觸摸之餘，騙案也特別多，所以轉化關鍵全在建立在這份信任上，而信任真的要花時間及資源建立。

B2B 的流程通常沒那麼快，個人比較喜歡在第一個會議搞清誰是決策者，那樣才會知道他們最關注的是什麼，才會更容易想出轉化的關鍵催化劑（很多時候，錢不是他們要考慮的地方）。

除非本身是一個知名品牌，否則建立這份信任感需要刻意打造，以下是七個提高信任度的元素：

1. 用了你的服務或產品會被嘲笑嗎？

身邊總有一兩個智者朋友，他們一定不會買錯東西、價錢亦一定最低，每次你購物後也會問你買了多少錢。

告訴他後，通常都會被回一句：「我在那裏買便宜很多……(下刪 1000 字令你覺得自己很愚蠢的描述）」

你能否減低他這些顧慮呢？

風險逆轉 (Risk reversal) 是一個可以採取的方法 —— 近年不少網上研討會都採用風險逆轉方法 （今天先享受產品，七天後才付費），就是先報名及完成研討會後，若發現沒有超出你的預期，一元也不用付，連退款也不用申請。

2. 品牌力

雖則相當廢話，但建立品牌的確可以大大提高客戶的信任度。基本上，你不會擔心在 Amazon 被騙，因為你知道 Amazon 會做好把關。

根據我的經驗，價錢越高，品牌便會變得更重要。建立品牌的回報的確較難量化，但我發覺品牌累積的成效可以相當大，長遠真的要把品牌列入行銷工作之一。

3. 設計

真實對話：

「我做過資料搜集，很怕踩雷，所以才找你們 ......」潛在顧客說。

「之前已經問過好幾間，但感覺不太安心 ...... 我看完你們的網站，感覺好像穩妥一點。」

在什麼也接觸不到的情況下，第一印象就是一切。不論是在網站、社交媒體，設計跟專業度有關，你一定能感受到專業和非專業之間的區別。

現時除了網誌外，其他媒體（包括自己公司網站，社交媒體）或多或少都找設計師調整過。膚淺地說，包裝是必須的。

我們沒有方法知道客戶何時會做搜尋，唯有整理好外觀，不浪費那短短的數秒接觸。

4. 充足資訊

產品資訊很少人會漏掉，但很多商家卻不知道遺漏了更重要的資訊。

幾年前曾經跟一位成人網店老闆傾談，他說之前一直不知道為何別的成人網店會賣得比較好，明明產品一樣、價錢非常接近，自己就是賣不了。

後來他只加了一段說明文字，就令轉化提高了不少！

很多人會在網上訂購成人用品，而不會到店舖選購，原因不難理解 —— 因為可能會感到尷尬，若果不幸地離開店舖時遇到熟人，真是「十大不知道如何面對的時刻」之一。

我叫他翻查之前跟客人的對話，看到後開始有點眉目 —— 客人會詢問很多關於包裝的事情！

據說很多客人會選擇將產品寄到辦公室，他們並不是擔心運輸途中玩具會弄壞，而是怕包裝會被認出來，簡單一句：「我很怕被人知道我買了一隻震蛋」。

充足的資訊就是把客人所有擔心的事情都先說出來，有些難以啟齒的說話，你要去發掘。

最後朋友把整個運送流程寫出來，包括運輸方法、包裝物料、方法等，強調如何保密，令不安的客人更放心，轉化明顯有改善。

這些現在已經是經營成人玩具店的基本知識，不妨留意一下有哪些資訊，沒有在自己網站內寫出來，不要假設客人一定會知道。

5. 快速回應

幾年前，在我銷售自己的 SEO 課程時，網站突然倒下，花了接近 8 小時才找到伺服器公司客服幫忙。

問題在於他們不停轉介我的個案給不同的同事，每次都要重新講解遇到的問題，結果我在合約未完已經把網站搬走了。對顧客來說，最重要是知道有問題可以找誰幫忙，更重要的是這個人是真的能幫忙，而不是耍走你。

若你賣的產品會影響到顧客的生意，快速回應十分重要。

6. 限定

自己行業比較特別，習慣用限定作為手段之一，例如在每個行業中，我們只為一個客戶提供服務，不會接受另一個客人，去製造獨家性 ——如客戶業務是海外房地產，我們便會排除其他對手，這樣除了令客戶有更大信心，亦營造一種迫切感，令客人會想在競爭對手找上我們之前，先和我們簽約。

7. 容易付款嗎？

因為每月會固定捐款給不同慈善團體，所以留意到不同機構的捐款方法，但有兩間機構我的捐款比例明顯高於其他，原因不是機構理念很特別，單純是他們提供最方便我的付款模式（打開電話掃描一下 QR code 便可以捐款）。

不少網店店主習慣了某一種付款方法，便會假設客人也會用這種付款方式，可能就錯過了不少生意。

除了付款方式，還有就是提供分期，這在大數目的交易更為明顯。現時小公司也可以向銀行申請提供給顧客的分期服務。

加強顧客下單迫切感手段

經常留意不同品牌怎樣增加客戶的迫切感，大部份都是以 FOMO (Fear of Missing Out) 為前題去提高轉換率，以下是一部份加速轉化的手段，不妨參考一下：

- 買車：今天內 Trade-In 可以多獲得兩萬元、分期利率比較優惠、更多免費的附加選項（例如 360 度泊車鏡頭）
- 買樓：今個月內確認，首兩年免供、保證按揭申請成功（只有 30 個名額）
- 租辦公室：半佣，特長免租期，包裝修
- 信用卡申請：送你 Dyson 吸塵機，但只有 15 部

（很諷刺地，我有了職業病：每次需要買某一種產品或服務時，都會跟推銷的人說：「讓我想一下」。我總覺得銷售員會收起一些額外優惠，

所以我一定會說：「讓我想一下」，搏取更多贈品。)

若你的產品沒有限量，例如網上課程，可以考慮在贈品上限量。

行銷課程為例：

1. 送實體書
2. 四年只辦一次
3. 一對一 15 分鐘指導， 限量 30 個人
4. 參加一個只限 12 位的晚宴

最近，我們印製實體的 Newsletter， 主要原因也是營造稀有性，不製作 PDF 版，只印 50 份，目的希望產生更大的名單。

我的想法有 2 個：

一，因為限量會顯得珍貴，收到的人會感覺更獨有

二，因為實體才有人拍照、分享。寄出兩天後，感謝相當多朋友、客人已經在ＩＧ分享，這是虛擬產品難以做到的。

至於如何做到這種緊逼感呢？

參加不少行銷會議，例如 Tony Robbins、Jack Canfield，你會發現他們是在整個演講都在強調限量、限時這個概念，而不是在結尾才快快了事。

跟進得夠嗎？

問過不少人：「由第一次跟客戶接觸後，會作多少次跟進才放棄呢？」

我沒有一個確定答案，因為我覺得跟進的次數不是重點，而是跟進的

質素。每一次跟進是否提升了跟潛在客戶的關係才是重點。

以前有個同事（不英俊、但也不醜）就是有種魔力，令人很容易開口提及自己的問題。有一個潛在客戶第二次跟他見面，已經主動分享自己的個人困擾、甚至自己為何「生蛇」都一一告知。

B2B 需要更長的銷售周期，7-12 次接觸是很普遍的情況。

有時客戶可能真的對服務有需要，但可能公司預算不足、剛剛用完預算；也可能是剛續約了其他公司；也有可能是自己公司說服力不足；也可能是公司老闆不喜歡我，就是你出現在不適當的時候。

不跟你做生意的原因有很多，但這是不可控制的，但你可以控制跟他們接觸的次數及原因。

自己最長的跟進時間應該是兩年，為何那麼記得呢？

因為第一次找我時，我的提案輸了，潛在顧客跟對手達成了兩年的合約。但負責人很好的跟我解釋我輸了在哪個地方（項目階段式結果未能符合管理層要求）。於是，這兩年間不停跟負責人接洽，當然我不會是個討厭的銷售員，結果在大概 18 個月後，我有了對客人更充份的理解，這次便拿下了案子。

很多人說社交媒體做不了 B2B 的生意，這點我是不同意的，事實上，我有不少客人都是由社交媒體而來，而其中很多也是追蹤了專頁一段不短的時間。有時間可以到我的 IG 看看，我節錄了不少對話，都在說明這個社交媒體是可以做 B2B 生意的。

請自問一下，你是否有做跟進行動？

自己公司會在和客戶接洽後兩星期、一個月、三個月、六個月的時間點進行跟進活動。當然，你要想方法令你的跟進變得有趣、沒那麼討厭，令客戶願意聽你的電話。

Stay in the game 是這個遊戲的關鍵字，讓你的行銷持續出現，重複的出現在客戶的腦海，遲早你也會獲得一個正回報。

最常犯的跟進錯誤是：沒有一個好原因，就像跟灒在客戶說：「因為星期一我向你提出購買的建議，但你沒有買，所以今天我還未有收入。你今天是應該要跟我購買的，所以我決定再致電給你！」

跟進一定要有一個好原因，可能是提供的服務不同了（服務可以拆件出售）；可能是銷售員之前有資訊漏掉了、或有更多贈品等等，總之你怎樣也要找一個原因。

我遇過最誇張的公司是 CEO 親自致電給我解答疑問，而我買的其實只是每月 29.9 美金的訂閱服務。

若你找不到任何原因，也可以用不同媒介接觸 —— 若之前是電話拒絕你的，試一下轉做直接碰面；若是在 Facebook 拒絕你的，嘗試在 Instagram 出現。

你可能會問：「客戶會討厭跟進嗎？」

客戶是會討厭跟進的。我覺得這是一個藝術，什麼也應該適可宜止，就像以前提及的找辦公室的地產經紀，過多的跟進也是會產生反效果的。

剛畢業時，我很渴望到一間賣影印機的公司工作，聞說他們的訓練是世界級。我一畢業已經留意他們是否有招聘廣告，卻發現多數是聘請有兩年工作經驗的人。

不知哪來的勇氣，我開始每天寄一封電郵到公司的人力資源部門，每次的內容也不同，連續寄了十多天也沒有回覆，直到第三十天，終於收到回覆。

而我收到的回覆是：

「Thank you for your interest in our job position, however, your background does not match the job requirement.

Maybe you can apply when we have a job vacancy for a fresh graduate!

P.s Please stop sending email to us!」

跟進是一種藝術，要掌握何時進取、何時收手可能要慢慢嘗試，但找到關鍵點後，你便會知道大概何時應該放棄。

多做那些不能規模化的事

記得上次買遊戲 NBA2K，因為沒有預訂的關係，我在開售日後才購買。找了幾間網上遊戲店，基本上哪一家回覆就會買，結果只有一間在五分鐘內回覆，其餘都是一小時後，雖然最快回覆的一間離家比較遠，但我已經和他確認了。

這個要求即時回饋的年代，真的不能怠慢客人。我也承認自己越來越急躁，今日訂貨，就想翌日到貨。

儘管 B2B 業務理應在星期六及日休息，但很多查詢也會在這兩天出現。當我們在星期一致電時，發現很多人在星期一已經忘記了自己曾經跟該公司查詢。

為了改善這個問題，最近用了一個工具叫作 Bonjoro，只要一有查詢，我便可以在手機客製一段有自己影像的影片，說明已經收到查詢，很快會有人回覆，加強了查詢者對我們的印象。

不要看輕這個簡單的動作，當同事致電給查詢者時，他們第一句便會說：「我記得，你們是那間公司！」

對，我是人手逐一回覆，是規模化不了，但客戶體驗會好很多！

不能規模化，很多人會覺得沒有效率，影響力不夠。但近來發現越不能規模化的行銷，影響力可能更大。

不妨想一想哪些公司的暖心行為曾經令你留下不錯印象？

例如巴士的暖心車長 —— 他會向每一位乘客問好，每早如一。

看 CD Baby (Derek Sivers) 老闆的小書《Anything You Want》，其中一節值得思考：

大家可能有過這些經驗：汽水不可以免費添飲、廁所不外借、信用卡要加手續費、醬油要額外收費 ......

CD Baby 在 2018 年以 2 億美元被收購，它是由一個簡單的網站開始。

老闆指他所有的決定都是由用戶角度出發，最簡單的例子是他確保一定是「真人」聽電話，公司 85 人架構中，有 28 人是客戶服務員。

他認為糟糕的客戶體驗都是因為經營者感覺的資源缺乏而來，或最少是對於公司狀況感到不安。

如果你感覺公司生意很好、現金不斷流入、狀況很安全，你跟客戶的每一個接觸都會變得更人性化。你可能更願意退款 (若服務真不太適合)、更願意花注意力在他們身上、外借廁所、承擔少許的損失，因為你知道公司運作不會有任何問題。

就算公司實際營運狀況不太好，你也應該保持這種安全感，這樣才能更以客戶的角度去出發。

近年的 DTC (Direct-to-consumer) 模式中 (如 Zappos 及 Warby Parker)，就是把客服提高到另一個層次。雖然自己不戴眼鏡，但 Warby Parker 是我很留意的一個品牌，它去除了通路，直接在網上賣眼鏡。

正常買眼鏡都要到店內試戴，但 Warby Parker 則把眼鏡送到府上，他們提供客人五副眼鏡框在五天內讓客戶進行試戴。若有興趣的可以直接訂購，不喜歡的則把眼鏡框寄回便可，客人一元也不用支付。

對了，2020 年，它的估值達到 30 億美元，2021 年在紐約上市！

有個例子可以清楚表現出他們對客服的重視[1]：

「...... 他想起一位住在紐約的顧客，在星期五狂打電話到公司，因為她訂購的眼鏡沒有按時到達，但她打算週末參加婚禮時戴上。他追蹤眼鏡已經到達鎮上的配銷中心，並清楚了解只能在下週才會送到顧客上，於是他離開辦公室，取得眼鏡，坐計程車送到顧客的公寓。」

「他回憶道：對顧客來說她已經不可能在婚禮前拿到眼鏡，因為這超出正常程序的可能性。但那就一種心能，不惜一切代價都要把眼鏡送到顧客的手上，這並不是顧客當時可以想像得到的體驗。」

很同意，華頓商學院教授貝爾所說的：「建立連結，而非推廣品牌！」(Bonding, Not Branding)

[1] 出自 Lawrence Ingrassia《十億美元品牌的祕密》

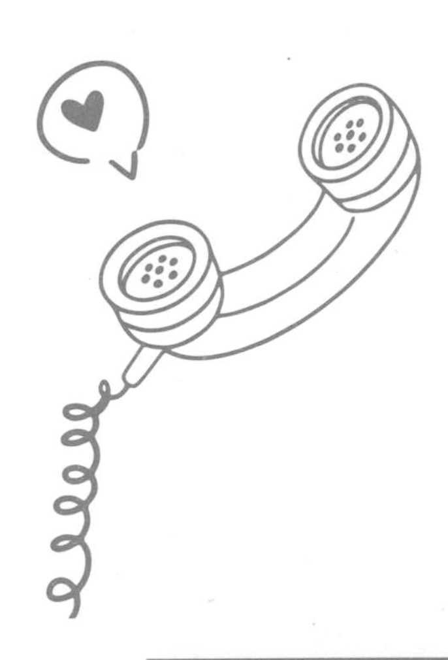

銷售之後

Chapter 06

Post Sell

6 銷售之後

客戶服務應該放在行銷部的規劃之中

最近收到客戶短訊：

「你應該考慮加 xxx 薪金，否則我會邀請他加入我們公司」。

這個同事肯定不是那種令你眼前一亮的人，不英俊（一定是我更英俊），也不是那種口若懸河的人，我好奇去研究一下發生什麼事。

記住，他是一名銷售員，不是技術人員。

有一個美容業客戶，因為消費券的關係，想安裝電子收費終端機，但沒有任何技術人員。而他在星期天大膽地去替客人安裝終端機，雖然最後安裝不了，但客人很感謝他的付出。

我的第一個反應是：「需要這麼誇張嗎？會不會做多了？」

這個不容易，但遠遠超越客戶的期望。事後證明，這個客人成為我們其中一位最長久、關係最好的客戶。

沙凡那 (Savannah) 是美國喬治亞州最古色古香的一座城市，當地一支名為香蕉 (The Savannah Bananas) 的棒球隊創造話題的功力堪稱一流，也讓他們成為近年來在社群網站引起最多關注的棒球隊[1]。

一個客服的行銷實驗，令他們在疫情期間所有季票也銷售一空。當客人買票後，他們會主動致電客人說感謝，不是一般的感謝，而是用 Rap 去感謝。客服當然不是 Rapper，所以很多客人都會聽到客服的尷尬。

但就是這點怪，引起更多社交媒體的話題。而事實上，很多客人也會哈哈大笑，有些會錄音給朋友聽、也有些用 Rap 回敬。

絕大部份公司都會把客服放在營運部門，不會放在行銷部門。

客戶服務相信不是大多做行銷的人會關注的方向，我自己起初也不重視，直至其中一個同事的銷售額不停上升，回頭客持續增加，及出現了上面的短訊後。

不要把客戶服務想得太複雜，2019 年以 2 億美金被收購的 CD Baby 老闆講過，為何很多獨立音樂人都喜歡用他們的服務，真相令人難以置信 —— 就是「他們會聽電話」

我從 Dan Kennedy 得到的一個觀念是，所有公司的「人」都應該是行銷部門。想像一下你去迪士尼樂園，負責巡遊的是在行銷、負責解答客人問題的是在行銷，連在清潔的也是在行銷。

細心留意一下，客人很少會讚賞銷售員：「你真的推銷得很好 !!!」

但你會聽會很多人說：「那個人很快的幫我解決了問題，態度非常之好。」

曾經從 IKEA 訂購了傢具，因為疫情，大廈納入了強檢 [2]，所以延遲了兩星期送貨。兩星期後，因為沒有收到任何送貨通知，故也不知道當天是否應該留在家等待。

焦急的我致電熱線，說明了詳情後，客服人員這幾句真的令人印象深刻：

---

[1] 資料參考：https://www.ftvnews.com.tw/news/detail/2022505W0218

[2] 強檢 —— 在 COVID-19 疫情期間，香港政府實施香港大廈的強制檢測措施，旨在應對疫情的擴散和控制病毒傳播的風險。這些強制檢測措施通常適用於懷疑與 COVID-19 相關的建築物，例如有 COVID-19 確診或疫情疑點的大型建築物，或者是懷疑有社區傳播風險的地區。政府會派人員封閉大廈一段時間，並要求住客進行強制檢驗。

「令你這麼迷茫真的不好意思，我們已經安排今天送貨，再次為你的不便說聲不好意思，我 10 分鐘後再跟你聯絡。」

5 分鐘後已經收到司機電話。

客服員顯出相當的同理心，做得相當出色，其實也在行銷他們對客戶的關心。我已經忘記了 IKEA 的廣告、連銷售員的名字也不知道，但就是記得客服的誠懇，一整個購物體驗的確令我安心再光顧。

人性化客服處理

疫情初期，口罩供應短缺，不少網站相繼加入代購口罩，其中一間印象令我非常深刻。

大部份網店都聲稱自己找到貨源，收款，然後給你一個交貨日期。當時的供應鏈出現嚴重問題，就連 Amazon 的訂單都會被取消，因此幾乎沒有一間網店是能準時交貨或有貨交的。但最大問題是很多網店只是回覆你一句：「 口罩還未送到，再等一下 」。

要知道當時每個人對搶口罩的壓力已經到了失控的程度，而作為訂購商可以做的也不多，但其實面對顧客可以處理得更好。我經常覺得有些人過份依賴科技或工具，忘記了跟你買東西或服務的也是一個人，一個有自己煩惱的人，一個有血有肉的人。

而其中一間的做法相當成熟，每天也會主動提及送貨進度，當中遇到的問題（例如被海關攔截貨物、物流遇到的障礙），它們如何處理正在面對的問題，後續消息更新時間，雖然沒能推進交貨速度，但令人相當安心。直到今天，我仍然是他們其中一個常客。

同理心可能才是最厲害的行銷工具！

疫情關係，很多行業首當其衝被逼停業。處身的行業雖然可以繼續運作，但當經濟不好時，宣傳預算一定是第一或二被客戶公司刪減的部份。

有客戶是美容、健身相關行業，我可以肯定的說他們的狀態是苟延殘存。

「雖然簽了約，但我們可以暫停一下服務嗎？」

打電話來的是一間美容中心老闆，而她也不知道何時能夠重新開業、更害怕的是她自己也不知道能否捱得過這個寒冬。

我遲疑了一至兩秒，然後答應了她 —— 而她亦帶著歉意和我道謝。

後記：書付印時，她的美容院已經重新開業，也繼續使用我們的服務，更重要的是我們建立了一種更緊密的合作關係。有時，你的服務未必是最好，但你可能解決客戶更深層次的問題。

別忽略照顧付費後的客人

因為是服務型行業，所以客戶對我們的觀感很影響整體生意，自己由一個客人開始，逐漸積累到一個可以開到公司的客戶量，再可以聘請員工，有一個過程很多人或公司都會忽略。

很多公司都會忽略這細節，以致之後發生很多問題 —— 這個過程就是 “Customer Landing” 。

買過很多網路大師的課程、也有一些名不經傳的，世界各地都有，價格由幾十元美金到上萬元美金。一段時間後，會發現自己買完又買某些大師的產品。

他們提供豐富知識一定是其中一個因素，但我想我對這個大師的「感覺」才是最重要。

不知你有否一個購物經驗，就是你還未付款時，銷售員的態度極其有禮，付款後態度立即冷下來。

我自己感覺是付費那一刻開始，是最沒有安全感的時間。做得好的大師會在買前、買後都一樣關心你。

當然，未必是他親自和你跟進，但他的團隊會從旁協助及追蹤，可能是間歇問一下你的進度、又或確認你是否能跟上進度，你會真的感到自己被「照顧」。

小弟公司亦採取同樣的策略，客戶簽約後的首兩星期非常重要，最重要是給客戶一個安全感。當然，採取的方法可以有很多：

1. 清楚的路線圖
2. 一定會有人聽電話的號碼
3. 快速的匯報工作進度
4. Surprise

“Surprise” 的意思是做一些預期以外的事去幫助他們，令他們更記得你。

要額外提及一點是溝通方式，因為公司經常以自己的資源，去衡量如何跟客戶溝通，可能只會提供電郵查詢，不提供電話號碼。

正如一對鞋不會適合所有人，每個人的溝通媒介、方式、頻率不同，你一定要清楚客戶的習慣。

新來的同事經常以 WhatsApp 跟客戶溝通，因為這是同事朋友圈中習慣的方式，但對客戶來說可能是一種未經批准的滋擾。事實上，越是老闆級，越是對打擾他們的方式更敏感。

有一間香港有 50 名員工的公司，我跟他老闆的溝通方式從來都只有透過電郵，因為他很怕應付難纏的人，也不會白花時間，電郵令他可在自己方便時間才回覆。事實上，我和他每個月的電郵也只是幾十個英文字的交流。

工作上，我較喜歡直接了當的電話溝通，因為會比較省時，文字解釋怎樣也會有遺漏。有些客人可能比較喜歡面談、有些比較喜歡電話傾談、另一些可能更喜歡 Email，所以不要以自己的溝通方式去判斷客人。

Under promise, over delivery

有一方面我想自己做得比較好應該是期望管理，自己在指導新同事時，這個部份也特別著墨。但不管你像我般提供服務，或是賣商品，其實都適用。

也不要覺得要多花成本。例如你的送貨時間本來只需一天，但你寫成三天。當顧客提前收到貨品，便已經有意外的驚喜。

在包裝上行銷

最近看到一個從包裝已經開始行銷的品牌，各位猜猜在賣些什麼？

一般包裝都是用啡色的紙皮盒，雖然它也是啡色，但在包裝盒的右下角，印有一幅類似中國山水畫。

有趣的是包裝盒的封條有一句：Open Up For Happiness。

不要想錯方向，這是一個絕對正經的產品.....

一打開，你會見到一段文字印在盒上：

"Happiness can be found
in the middle of things.
It is our passion to turn everyday
routines into more meaningful moments."

右下角也是同一幅山水畫。

在接觸產品之前，還有一張卡寫著：

IT'S NOT HAPPY PEOPLE THAT ARE GRATEFUL.
IT'S GRATEFUL PEOPLE THAT ARE HAPPY.

整個開箱過程好像進行一場禪修。對，你多半猜到是賣什麼產品了吧！

包裝產品的盒上還附有一個金色鐵扣，是一個中文「靜」字 。

各位猜到是什麼產品嗎？答案最後才揭曉。

打開包裝本身是一個體驗，若能加入驚喜元素，行銷會變得更容易。事實上，實體產品有更多可以用作行銷的元素，給予非常豐富的體驗。

現在是打卡的年代，不妨留意一下什麼會被人分享 ——「漂亮」、「有趣」、「別人未體驗過」、「令自己地位提升的感覺」。

台灣的周品均在她的包裝盒內會噴上自家品牌的香水，令客戶一打開盒子時，把香味一併加入腦海裏，更進一步的是連味覺也照顧到。不消說也會令不少第一次跟她買產品的人放在網上分享。

你可能會問，這是高檔產品才有的預算吧？不妨運用一下你的想像力，用創意、誠意去做一些顧客意想不到的事吧！

若你在剛剛開始，可以考慮一下手寫感謝信給你的新客戶，客戶會被感受到你的對他的重視。不妨想一想有什麼方法，令用戶在打開產品時已經投入到你公司的文化、或理念中。

說回文首提及的產品，是香薰蠟燭 —— 你會真的感到產品跟包裝是連在一起的。

而我想多提一點：要賣得更多，你一定要令顧客知道怎樣使用、效果是怎樣。

很多時候，沒有回頭客的關鍵就在這裡，客戶覺得使用上很麻煩，沒有真正的消耗你的產品。沒有消耗就不會再重購。

處理無法交貨也是行銷？

記得之前在一間網店訂購口罩，收取貨品經驗令人印象難忘。我是該日用品網店的常客，也因此對它有一定信心。

到提貨日，一句交代也沒有，要客人自行致電，才說交付出現了問題，可能要延遲兩星期。兩星期後，同一問題再現，也是同一種處理手法，作為顧客的我當然失去耐性（本身也是沒有耐性的人）。

網店不停拖延、不停找藉口，拖到令我對整間公司失去信心，以後也納入黑店名單。

與其令客戶有錯誤期待，倒不如坦誠相告交不了貨，或有什麼問題出現了。開誠布公未必會為你贏盡掌聲，但最少會減低失血。

追加銷售

Chapter 07

Upsell

追加銷售 (Upsell)

B2B - 續約真的很難？

「李先生，你的手機合約快要到期，現在有一個優惠價，讓你可以繼續使用我們的服務，方便用五分鐘和你談一談嗎？」

「可以，優惠價是多少？」

「新合約收費是每個月 $ 228，現時有的增值服務繼續免費 .....」

「但我現時只是 $ 208，那豈不是加了價？」

相信各位也會遇過這種情況，而你也找不出原因要繼續使用原來的服務。雖然差距20元並不多，但繼續使用同一個服務，被加價心裏總有不適。也許有人會怕轉公司麻煩而就範，但相信絕大部份人都有這種不適感。

為了提高客戶終身價值 (LTV —— Life Time Value)，而令客人持續使用我們的服務，是一種挑戰，不要說加價，就算同價續約，都會收到客人減價的要求。

以自己的 SEO 服務為例 —— 雖然服務的確能提高流量，但客人也有其他顧慮，很容易會想試一試其他公司。

但如何令客人續約時，減少他們的疑慮呢？

首先，要理解自己身處什麼行業，這句話是什麼意思呢？

很久以前，Dan Kennedy 曾經說過自己不是在運作一門行銷生意，他運作的其實是關係生意 (Relationship Business)。

第一次聽，我是有點不明所以。他的訓練服務是在教人如何行銷，為何說是關係生意呢？

在經營自己生意一段時間後，才真的理解這個真知灼見的背後意義。

重點是客人跟你合作後，他的感覺如何？

交出成績是基本，但令**客戶開心其實也是基本**。

他很坦白說，在 45 分鐘的諮詢裏，若你真的要從他的服務中抽出重要的知識，可能只會有僅僅的 15 分鐘，那其他 30 分鐘他在做什麼呢？

事實上，他在每一項自己的成品中（演講、Newsletter、錄影），都一定會有以下元素：

1. 個人故事
2. 冒險故事
3. 有一個部份在展示幽默或令人發笑
4. 有鼓舞性的
5. 其他人因為我們的工作而成功的個案
6. 「如何做」的資訊

他舉了一個例子：很多人以為整個演講都是乾貨，聽眾一定很喜歡，但事實上並非如此。聽眾最需要的是感覺良好，覺得花在你的時間非常值得，值得到要再約你下次見面，這就是為何他續約率之高的主因。

你會想跟一個不停跟你說教的人吃飯，還是一個風趣幽默、令你有所啟發、又感覺良好的人用餐呢？

你在服務中，是否有令客戶感覺良好呢？是否合作愉快呢？

[1]《回魂夜》一幕講捉鬼大師割完條盲腸落黎走回保安室，保安李力持和他亂咁 up

保安：醫生咪好慳功夫？連洞都開埋，攞雙筷子一夾咪就把整條盲腸攞出來

捉鬼大師：錯啦，醫生唔係用筷子，係用鉗架

保安：係喎，醫生幫你連埋針，你就冇事冇幹咁行番出來

捉鬼大師：錯啦，我要趕黎呢度，所以偷走出來，針都係自己連

保安：啊，仲識連針 tim 牙，咁你棚牙係咪用槌子自己敲敲敲番平？

捉鬼大師：錯晒啦，槌係人都估到，其實我係用熨斗熨番平佢

保安：唔好下下話錯先得架，你還掂都是亂編的，你俾次話啱呀？你俾我啱一次咁多啦?! 你俾番少少面我好不好？

所以，在你經營生意時，你是否有想方法令你的客人比昨天開心一點呢？

除了感覺外，還有在策略上要配合，簡單一句 —— Give them a reason（給他們一個理由）。

觀察那個續約率最高的同事（**前題是你的服務或產品已經提供了很好的價值**），發現以下特點：

- 直接給予新合約價錢，而不是問「想不想續約？」
- 這個方向會令客戶變成關注「價錢」，而不再是「繼續與否」，在客戶心中建立了一定會續約的心理傾向。
- 在服務期間有意無意提及公司拒絕了他們同行的查詢
- 在客戶心目中建立了我們真的有心替你戰勝對手，坐在同一條船
- 在服務期間，間歇提出客戶可以考慮額外做些什麼，或直接免費提供其中部份新服務，作為續約的「餌」

參考外國一個教兩性關係的導師，她的服務續約率達到 91%，單價是每年 14000 美金的服務。

她指出續約要用 Ascension offer（升級服務），不要用 Renewal offer（續約服務），主要原因在於 Renewal Offer ：

- 承認之前的服務未夠有效，或還未達到最理想的效果
- 令客人有更大誘因使用其他供應商

Ascension Offer 指的是令服務範圍更廣，或更完整 ，她的服務第一個切入點是兩性婚姻關係，續約時提出的則會加入工作與同事、兒女關係等。

在小弟公司，續約時會因應客人生意狀況加入：

- 整個行銷自動化模組
- 產品價格優化，提高銷售額
- 公關文稿及發佈

你一定給客戶一個更好的原因去續約，要令客戶感覺更切合需要，更能好好服務他們，你才有機會加價、續約。

---

[1] 以書面語表達這段廣東話對話：

《回魂夜》一幕中，講述捉鬼大師剛割完盲腸回到保安室，保安李力持和他胡扯。

保安：醫生真是省事啊？連洞都開好了，用雙筷子一夾就把整條盲腸拿出來了。

捉鬼大師：錯了，醫生不是用筷子，是用鉗子。

保安：是啊，醫生替你縫好傷口，你就毫無問題地走回來了。

捉鬼大師：你錯了，我是故意來這裡的，所以偷偷溜出來的，連傷口都是自己縫好的。

保安：啊，還懂得自己縫傷口，那你的牙是不是用錘子自己敲敲敲才弄平的？

捉鬼大師：你完全搞錯了，錘子是每個人都能想到的，其實我是用熨斗熨平的。

保安：別再每次都說我是錯了，反正你都是亂編，就說一次是我對，好不好？你給我承認一點點也行啊！ 你給回我少許面子好不好？

附錄 Appendix

Chapter 08

8 附錄

我對 SEO 的看法

始終也要提及一下 SEO。但我要重複多次：SEO 不是王道，只是整個行銷的一部份，就算我業務是 SEO 也要說。

我以前應該是 90% Black hat[1]，10% White Hat[2]，總之就是要快看到成效！

但經歷過 10 年演算法的摧殘，我可以告訴各位，王道一定是 White Hat，因為你不可能比起 Google 職員聰明，也不能推演得比起它的人工智能快。

[1] Black hat SEO（黑帽 SEO）── 是一種指在網站優化過程中，使用違反搜索引擎規定或不正當手段來提高網站排名的做法。這些做法通常違反了搜索引擎的指南，並可能對搜索引擎和網站的可信度和可見性造成負面影響。黑帽 SEO 的技術包括但不限於：使用不可見的文字或鏈接、操控內容的關鍵字密度、濫用鏈接交換、操控網站的內容和結構以欺騙搜索引擎等。

[2] White hat SEO（白帽 SEO）── 是一種合法和道德的搜索引擎優化方法，遵從搜索引擎的指南和規定，以改善網站的可見性和排名。白帽 SEO 的做法通常是符合搜索引擎的指南，並且不使用任何詐騙、欺騙或不正當手段。白帽 SEO 的技術包括但不限於：優化網站內容和結構，以提供高質量和有價值的內容給用戶，適當使用關鍵字，改進網站的頁面速度和使用者體驗，建立高質量的外部鏈接，與其他網站進行合法的合作等。

關於 SEO，我學到的教訓：

絕對不要只單靠做好 SEO 來增加流量，Google 也有很多因素要把你的網站踢下來。而更為重要的是，Google 是有意取代第 3 方網站的。

現時不需要進入網站，已經可以在搜尋結果直接看到酒店價格、機票價格、電器評價……而我深信這個趨勢並不會停，你的行業被 Google 影響，只是遲與早的問題。

因此，策略上我會建議客戶留意一下自己行業，能否運用 Google 的其他服務提高能見度，例如優化 Google 我的商家，效果可能比做網站 SEO 更快，因為 Google 一定會把自家產品放在排列的優先位置。

不求古惑技巧

每隔一段時間，就會聽到有人說："Crack the code"、「已經找出演算法的漏洞」。事實是，這些所謂技巧或秘密只是包裝過的舊有知識。Google 已經很成熟，判斷內容或網站質素的能力已經很高，不要沉迷這種用技巧導向的優化。

SEO 人有個特點：「SEO 是王道，我只要做好自己網站的 SEO 就好！」

就算你的 SEO 有多厲害，也不要把所有雞蛋放在一起，因為 Google 是接觸不了所有人。新一代的搜尋行為可能已經改變，很多已經直接在 IG 搜尋資訊。

Google 內部調查結果發現，近 40% 的年輕人（18 至 24 歲）不會用 Google 搜尋或地圖找資料，而使用 IG 及 TikTok 作搜尋工具，讓他們感受到威脅。

最重要的是，SEO 由零開始至達到成效時間絕對可長可短，也很多不可控因素。作為行銷人應該是有一整套長短合一的流量策略，平衡風險。

SEO 預算可能比你想像的高

很多人覺得 SEO 做好內容就足夠，若在競爭相對低的行業是可行的。但若你處於競爭大的行業，如美容、醫療等，單單做好內容是難以競爭的。

你有可能需要做更多公關宣傳，建立更多反向連結 (Link Building)[1]。我有一個賣運動鞋的朋友，皇牌產品是 Air Jordan 系列，每個月他放在 Link Building 的預算是 5000 美元起，到現在是 30000 美元。

進階的 SEO 是需要花相當多錢的！

真的需要優化所有元素嗎？

「我用工具分析了網站，你們的公司會替我改善這些部份嗎？」

遇見過不少客人，拿著一份不知從哪裏拿來的網站 SEO 分析，內有很多指標，說網站有 80 個要改善的地方 —— 速度不夠快、字數不夠多、很多 404 頁面、很多重複頁面 ....

需要注要的是，分析工具很多時候是有限制，它們可能只會根據某些既定因素分析網站，而不是用上帝視角分析一個網站。

很多沒有技術背景的人，往往低估了優化網站所需要的時間，以為一定要改善全部問題。

建立反向連結 (Link Building)[1] —— 是一種搜索引擎優化（SEO）的策略，旨在通過獲取來自其他網站的高質量、有價值的外部鏈接，來提高自己網站在搜索引擎中的排名。連結建設通常包括以下幾個步驟：尋找高質量、相關性高的網站來建立連結；與其他網站建立合作關係，例如進行互換連結或合作推廣；創建高質量、有價值的內容來吸引其他網站的連結等等。

我的邏輯是，只要優化得比對手好便足夠了，時間花在對生意更關鍵的部份吧！

很多案例，很多時要改善的只是 4-5 個元素，效果已經有 70-80%。你更厲害的改善其餘 75 個元素，效果可能就是提升 10%，但花的時間可能是 10 倍之多。

厲害的 SEO 專家可以快速告訴你問題在哪裏，應該集中火力在何處。

幾年前參加泰國的 SEO 會議（很想可以再去），跟英國一個 SEO 專家一起乘計程車往機場。

當時正遇著一個客人，他某些 Money Keyword [1] 的排名極不穩定，有時頭五位、有時影也不見。似乎我已經做盡了可以優化的部份，我就請求專家幫忙，不到一分鐘，他已經大概看出問題在哪裏了 —— 頁面權重性不一，應該要重新鋪排內部連結。

回港後，用他的建議，也真的把排名穩了下來。

經驗就是這樣一點一點累積得來，到最近一間銀行客戶查詢，遇上同一個問題，我也是一分鐘就知道問題所在了，同事問我為何這麼快知道答案，我回答：「因為我厲害！」

Money Keyword（金錢關鍵字）[1] —— 是指在搜索引擎優化（SEO）和網絡營銷中，與商業和金錢相關的關鍵字或詞語。這些關鍵字通常與商業目標相關，可以產生商業價值，例如促銷產品、購買產品、訂閱服務等。

Money keyword 在 SEO 和網絡營銷中通常是重要的，因為它們通常具有高搜索量、高競爭度和高商業價值。排名在這些關鍵字上能夠帶來更多的流量和潛在客戶，有助於提高網站的曝光度和業務的銷售機會。

SEO 應該要加入商業的考慮

我們經常聽到 SEO 公司承諾 3 個月，XX 個關鍵字在首頁。聽上去的確吸引人，但接下不少使用過這種 SEO 公司的客人後，你會發現他們是沒有生意增長的。

說到尾，SEO 只是一種手段，有生意才是最終目標。有時，我也直接跟潛在客戶說明，SEO 不太適合你，或它只能夠是你整個客戶旅程當中的一個輔助部份，不需過份重視。

你可以把 SEO 納入你的戰術當中，但一定要清楚 SEO 不能為你做什麼。

最後，關於 SEO，我倒同意台灣連啓佑老師的看法：

「不要去猜測演算法，因為你猜不到。

不要去追逐演算法，因為你追不上。

你真正應該要做的是去設想所有可能發生的情況，並且為各種可能發生的情況作好準備。」

這些是我對 SEO 的一點看法，希望可以對大家有一點點幫助！

我經常參考及閱讀的行銷相關內容

我個人覺得最好的行銷不是什麼花招，而是交出乾貨。最終，消費者也會分清你是否真材實料。

這個行業資訊很多，真的太多，我偏好實用性高、能操作的內容，以下介紹的所有人都是我的前輩，從中學到很多。

于為暢（台灣網路行銷顧問、個人品牌事業教練）

在書中提及過幾次台灣的于為暢，我是他的【完全訂閱制】付費訂閱客戶，也真的很佩服他每天都可以產出質量極高的文章，不僅實用性高，涉及的題目也非常豐富，有一種令人眼界大開的感覺，而我自己也多次在自己的平台分享他的內容。

在製作內容時，我也較偏好分享實際操作經驗，就是連跟客戶發生的對話或問題也會寫出來。

Dan Kennedy

另一份我持續訂閱的是 Dan Kennedy 的 No B.S Magnetic Marketing Letter。他分享實際操作行銷時的問題、有效的方法（道德與不道德），每個月我都會因為文章內容產生一些行銷的點子。

阿石（網路行銷玩家）

他是少數緊貼外國行銷趨勢的專家，非常有實驗精神，提供的建議亦相當有操作性。

Ivan So (HD Course)

（他是我的前輩了吧 !） 我現時每個月還在付費訂閱他的服務，他的教學是公司同事教材 ……(現在替他賣廣告，他有否打算免費給我使用呢 ?)

More Digital

我從她們的網誌中偷學了很多 IG 的用法。

Mack Chan（網站維谷）

現在很多 SEO 教學都給他搶了 Google 排名，所以你一定能從他網站學到東西。

Kick Ads

兩位前 Google 職員會仔細分享他們在 SEM (Search Engine Marketing 搜尋引擎廣告）的經驗。每次客人問及我未遇過的 SEM 問題，都會打電話去求救，而且他們是願意花時間心思培育年輕人的好人。

結語 —— 輪到你了

有些人也許會質疑：「若你做行銷這麼厲害，自己賣產品一早發財了，還需要替別人工作嗎？」

我個人經驗告訴我，懂得做生意，跟懂做行銷是兩回事。所以，我可以做好一個行銷計劃，但公司仍有可能倒閉。

舉一個例子，寵物行業是一個數期頗長的日子，你懂行銷，替分銷商賣了貨，但他可能需要長時間才付款給你，這便涉及現金流管理問題。

經營零售行業，你可能要安排倉存、售後服務、物流等不同層面的工作，若你只懂行銷，這門生意的失敗率非常高。

當然，所有東西也可以學習，但衡量過努力與回報後，我鎖定了替客戶做行銷作為主業，有些錢就是注定我賺不了。

看完這本書，你會有幾個可以執行的動作。但相信我，99% 的人也不會做，因為：

1. 可以留待明天
2. 今天有點疲倦
3. 我有事在忙
4. 我要為狗狗準備食物
5. 我有心理障礙
6. 你說的我已經做過

行銷是一個「做」的過程，我希望自己的建議不會只在你腦海裏「留」下來，而是真的啟發到你行動，就算每天只是五分鐘也好。

正如我在前文說，同一個策略由不同的人執行，效果可以相距甚遠，甚至你可能覺得我所說的是錯的，歡迎指出！

這本書不是什麼大作，自己也不是讀行銷相關出身，這是我十年行銷路的一點點累積，希望給各位一個希望：就算由零開始，持續做的話也可以有不錯的成績。

希望有機會舉辦一些實體活動，跟各位多作交流！

國家圖書館出版品預行編目(CIP)資料

不要低頭，業績會掉下來 : 吸客而不是追客， 行銷人都該學讓顧客買單的技巧/Ringo Li 李均樂作. -- 一版. -- 臺北市 : 速熊文化有限公司, 2023.09
204 面 ; 14.8 x 21 公分

ISBN 978-626-95037-8-0(平裝)

1.CST: 行銷策略 2.CST: 銷售
496.5 112013264

不要低頭，業績會掉下來：
吸客而不是追客，
行銷人都該學讓顧客買單的技巧

作者：Ringo Li 李均樂
編輯：Jeanie Tsui 徐健賢
出版者：速熊文化有限公司
地址：臺灣臺北市中正區忠孝東路一段 49 巷 17號 3 樓
電話：(02)3393-2500
出版日期：2023年9月
版次：一版
定價：台幣 635 / 港幣 167
ISBN：978-626-95037-8-0
港澳總經銷：泛華發行代理有限公司
香港新界將軍澳工業邨駿昌街七號星島新聞集團大廈
電話：(+852) 2798 2220
台灣代理經銷：白象文化事業有限公司
401 台中市東區和平街 228 巷 44 號
電話：(+886) (04)2220-8589 傳真：(+886) (04)2220-8505

法律顧問: 誠驊法律事務所 馮如華律師